Das Universum

ABENTEUER WISSEN

Das UNIVERSUM

KALEIDOSKOP BUCH

Inhaltsverzeichnis

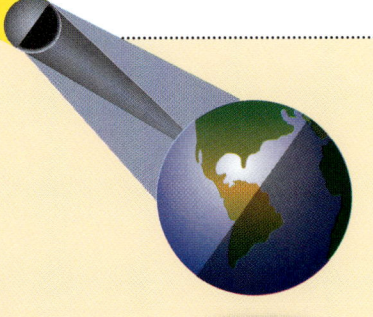

Das Universum

Funkelnde Sterne

Die Größe des Universums geht über unsere Vorstellungskraft hinaus. Jede Nacht können wir einen winzigen Ausschnitt am Sternenhimmel sehen. Zwischen den **Sternen** sind auch **Planeten, Monde,** Sternhaufen, **Nebel** und **Galaxien** zu erkennen. Gelegentlich entdecken wir auch den leuchtenden Schweif eines **Kometen** oder die flüchtige Spur eines **Meteors.** Auf diesem Bild ist zwischen den Baumzweigen ein Sternenhaufen zu sehen. Was wie eine lockere rosa Wolke aussieht *(Mitte),* ist eine Wolke aus Sternen vor dem Zentrum unserer Galaxis, der Milchstraße.

Was ist das Universum?

Zum Universum gehören alle **Materie, Energie** und aller Raum – kurzum: alles ist ihm zugehörig, die Krumen auf dem Küchenboden ebenso wie die Sonne, die **Planeten,** die **Sterne** und **Galaxien,** der **Staub** und die **Gase** zwischen den Sternen sowie auch das Licht, welches das Weltall durcheilt. Das Wort „Universum" kommt aus dem Lateinischen und bedeutet ursprünglich „sämtlich", auch „allgemein" oder „überhaupt".

Unser Standort im Universum ist schwer zu bestimmen, dennoch gilt, dass es eine Struktur aufweist. Planeten umkreisen Sterne. Milliarden von Sternen bilden Galaxien. Im Universum gibt es Milliarden von Galaxien. Die meisten bilden Galaxienhaufen, und diese sind in Superhaufen angeordnet. Das Universum scheint eine Zellstruktur aufzuweisen, in der sich die Superhaufen auf der Oberfläche riesiger „Blasen" befinden. Diese Blasen sind das größte erkennbare Ordnungselement des Universums.

Kurz-INFO

Die Größe des Universums

Erde 12 756 km Durchmesser

Sonne 1 392 520 km Durchmesser

Bahn der Erde Etwa 300 Millionen km Durchmesser

Bahn des Pluto Etwa 11,8 Milliarden km Durchmesser

Milchstraße Etwa 120 000 Lichtjahre Durchmesser

Lokale Gruppe Etwa 7 Millionen Lichtjahre Durchmesser

Lokaler Superhaufen Etwa 100 Millionen Lichtjahre Durchmesser

Sichtbares Universum Etwa 24 Milliarden Lichtjahre Durchmesser

Schön wie Edelsteine auf schwarzem Samt – so erstrahlen Hunderte von Galaxien auf dieser Aufnahme des Weltraumteleskops Hubble. Das Bild wurde aus 276 stecknadelkopfgroßen Einzelaufnahmen zusammengesetzt. Es weist eine große „Tiefe" auf, denn auf ihm erkennt man Galaxien, die viele Milliarden von **Lichtjahren** entfernt sind.

Aufbau des Universums

Im Jahre 1986 hat die Astronomin Margaret Geller eine Karte *(rechts)* von 1000 nahe gelegenen Galaxien erstellt. Das Bild der Galaxien wirkt wie eine Figur mit ausgestreckten Armen. Vor allem zeigt es aber, dass die Galaxien in einer Zell- oder Blasenstruktur angeordnet, nicht aber gleichmäßig über das Universum verteilt sind. Die blauen Punkte zeigen Spiralgalaxien (wie unsere Milchstraße), die roten **elliptische** Galaxien.

Superhaufen

Superhaufen sind große Gruppen von Galaxien und Galaxienhaufen. Solche Haufen können bis zu 20 000 einzelne Galaxien enthalten. Jeder Punkt in diesem Würfel stellt einen Galaxienhaufen dar.

Galaxienhaufen

Galaxienhaufen können aus mehreren tausend Galaxien bestehen. Unsere Galaxis ist Teil eines kleinen Haufens, der lokalen Gruppe. Diese enthält etwa 20 Galaxien.

Die Sonne

Galaxien

Die Sterne (und ihre Planeten) befinden sich in Galaxien, die die Grundbausteine des Universums darstellen. Galaxien bestehen aus Milliarden von Sternen. Die Milchstraße ist die Heimat unserer Sonne.

Wie groß ist das Universum?

Früher glaubte man, dass die Erde der Mittelpunkt des Universums sei und dass die Sonne, die **Sterne** und **Planeten** sie umkreisen würden. Erst in der Neuzeit wuchs die Erkenntnis heran, dass unsere Sonne nur ein kleiner Stern ist, zugehörig einer der Milliarden von **Galaxien** in der Tiefe des Weltalls. Jetzt möchten Astronomen genau feststellen, wie weit diese Galaxien entfernt sind.

Wenn wir entfernte Sterne oder Galaxien betrachten, blicken wir auf der Zeitachse zurück: Das Licht einer 1 Milliarde **Lichtjahre** entfernten Galaxie benötigt 1 Milliarde Jahre, um uns zu erreichen. Wenn das Universum 15 Milliarden Jahre alt ist, ist der Rand des Universums maximal 15 Milliarden Lichtjahre entfernt. Das Keck-Teleskop auf Hawaii (eines der größten der Welt) konnte 1998 das Licht einer mehr als 12 Milliarden Lichtjahre entfernten Galaxie auffangen. Dieses Licht hat eine weite Reise hinter sich! Wissenschaftler nehmen an, dass sich das Universum jenseits dieser Galaxie noch weitere drei Milliarden Lichtjahre erstreckt.

Eine Reise zum nächsten Stern

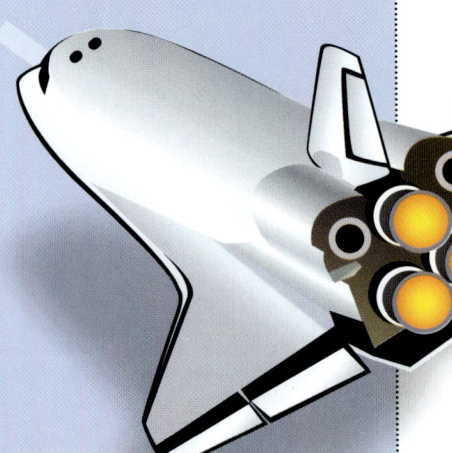

Reisen durch das Universum sind kaum vorstellbar. Wie lange würde es dauern, den nächsten Stern zu erreichen? Proxima Centauri, unser nächster Nachbar, ist 4,27 Lichtjahre entfernt. Das sind über 40 Billionen km. Eine Reise dorthin mit dem Spaceshuttle (27 000 km/h) würde etwa 170 000 Jahre dauern. Da benötigt man eine Menge Proviant!

Leute — Henrietta Leavitt

Henrietta Swan Leavitt, eine Astronomin am Harvard-College-Observatorium, entwickelte eine Methode, die Entfernung von Sternen zu bestimmen. Im Jahr 1908 hatte sie erkannt, dass eine bestimmte Art von Sternen, die Cepheiden, in regelmäßigem Abstand heller und dunkler werden. Die Periode dieser Schwankung steht in direktem Zusammenhang mit der absoluten Helligkeit dieser veränderlichen Sterne. Astronomen konnten die absolute mit der **scheinbaren Helligkeit** der Sterne vergleichen, die durch Teleskope zu erkennen ist, und so die Entfernung der Sterne zur Erde bestimmen. Leavitts Methode führte zur Entdeckung von Galaxien.

Was sind Lichtjahre?

Weil normale Maßeinheiten für die riesigen Entfernungen im Weltall zu klein sind, haben Astronomen den Begriff „Lichtjahr" geprägt. Licht ist ein geeigneter kosmischer Maßstab, weil es sich stets mit gleicher Geschwindigkeit bewegt – im Vakuum sind das 299 792 km pro Sekunde. Ein Lichtjahr ist die Entfernung, die das Licht in einem Jahr zurücklegt, das sind knapp 10 Billionen km.

5 Millionen km

20 Millionen km

5 Milliarden km

10 Billionen km

Edwin Hubble

Edwin Hubble *(unten)* war ab 1919 am Mount-Wilson-Observatorium in Pasadena tätig. Ihm gelangen zwei der wichtigsten Entdeckungen der modernen Astronomie: Bis in seine Zeit herrschte die Auffassung vor, dass unsere Milchstraße das gesamte Universum darstelle. Als Hubble die Entfernung von Sternen in der Erscheinung, die wir heute als Andromedanebel *(rechts)* kennen, untersuchte, fand er heraus, dass diese Sterne sich weit außerhalb unserer Milchstraße befinden. Das hieß: Der Andromedanebel ist eine andere Galaxie!

Hubble erkannte ferner, dass das Universum von Galaxien übersät ist und dass diese sich voneinander wegbewegen. Daraus konnte man schließen, dass sich das Universum ausdehnt. Nach ihm benannt ist das berühmte Hubble-Weltraumteleskop *(oben)*.

Der Urknall

Aus der Erkenntnis der Ausdehnung des Universums konnten die Astronomen schließen, dass es früher kleiner gewesen sein muss. Tatsächlich soll das Universum vor etwa 15 Milliarden Jahren ein kleiner Raum von unvorstellbar hoher Temperatur und ebenso unvorstellbarer Dichte gewesen sein. Dieses Universum in seinem Urzustand war zu heiß und zu energiereich, um klein zu bleiben. Mit einem **Urknall** begann es sich auszudehnen und seine **Energie** freizusetzen.

Der Urknall war keine Explosion wie wir sie kennen. Die **Materie** ist nicht in einen schon vorhandenen Raum geschleudert worden. Denn vor dem Urknall gab es keinen Raum und auch keine Zeit. Die Zeit begann erst mit der Ausdehnung des Universums. In den folgenden Jahrmillionen hat sich das Universum dann mehr und mehr abgekühlt. Schließlich entstanden **Gase,** dann die **Sterne** und **Galaxien.** Nach 10 Milliarden Jahren hat sich unser **Sonnensystem** mit der Erde gebildet. Nach kosmischen Maßstäben sind wir Spätankömmlinge!

1. Reine Energie
Im Bruchteil einer Sekunde nach dem Urknall hat das Universum die Größe einer Grapefruit. Es besteht aus reiner, heißer Energie.

2. Teilchen
Nach einer Sekunde hat das Universum die Größe unseres Sonnensystems. Es ist eine Million mal heißer als das Innere der Sonne. Die Teilchen – **Protonen, Elektronen** und **Neutronen** –, aus denen **Atome** bestehen, haben sich gebildet.

3. Atomkerne
Nach fünf Minuten sieht das sich abkühlende Universum aus wie dichter Nebel. Aus Protonen und Neutronen sind die Kerne der ersten Atome entstanden – Deuterium und Helium.

4. Atome
Zu den Protonen und Neutronen kommen Elektronen; es entstehen Wasserstoffatome. Der Nebel lichtet sich – das Universum wird hell.

5. Galaxien
Durch die Kräfte der Gravitation entstehen aus Wasserstoff- und Heliumwolken schon kurze Zeit nach dem Urknall die Galaxien.

6. Sterne
Schon bald nach der Entstehung der Galaxien bilden sich aus den interstellaren Gasen die ersten Sterne.

Versuch's mal !

Das Universum aufblasen

Um die Ausdehnung des Universums zu verstehen, besorge dir einen Luftballon und einen Stift. Male dann Galaxien auf den Ballon und blase ihn auf. Kannst du sehen, wie sich deine Galaxien voneinander wegbewegen? So verhält es sich auch mit den Galaxien des Universums.

Wie schnell?

Wenn du die Sterne beobachtest, kannst du am Himmel keine schnelle Bewegung ausmachen. Tatsächlich musst du aber wissen, dass sich ein typischer Galaxienhaufen schon 1,6 Millionen km entfernt hat, während du diesen Absatz liest. Das ist die Geschwindigkeit, mit der sich das Universum ausdehnt!

Der Urknall   unter der Lupe

Der **Urknall** ist eine faszinierende Hypothese, aber ist sie auch wahr? Woher können wir wissen, was vor 15 Milliarden Jahren geschah? Auch wenn der Urknall schon so lange zurückliegt – er hat drei deutliche Spuren hinterlassen: Die erste ist die Expansion des Universums. Indem Astronomen das Licht ferner **Galaxien** untersuchen, können sie feststellen, dass diese Galaxien sich voneinander wegbewegen. Der zweite Hinweis betrifft das Helium. Eine Theorie besagt, dass sich beim Urknall Helium und Wasserstoff bildeten, und zwar ein Helium- auf jeweils zwölf Wasserstoffatome. Eine Untersuchung der interstellaren Gase, die 1995 vom Spaceshuttle aus durchgeführt wurde, konnte diese Theorie bestätigen.

Der dritte Hinweis betrifft die kosmische **Hintergrundstrahlung.** Diese Strahlung, die von der Geburt des Universums herrührt, ist noch immer vorhanden und konnte nachgewiesen werden.

Kosmische Strahlung

Die Entdeckung der kosmischen Hintergrundstrahlung ist die Geschichte von ein paar klugen Männern, die vermeintlichem Taubendreck auf die Spur kamen.

1964 hatte eine Gruppe von Astronomen an der Princeton-Universität – u. a. Dave Wilkinson *(rechts)* – beschlossen, ein Instrument zum Nachweis dieser schon in den 1940er Jahren vorausgesagten Strahlung zu bauen. Währenddessen hatten die Physiker Arno Penzias *(oben rechts)* und Robert Wilson *(oben links)* von den Bell Labs in Holmdel (New Jersey) Schwierigkeiten beim Eichen eines Radioteleskops. Zuerst dachten sie, dass Taubendreck auf der Oberfläche des Spiegels die Ursache für ein starkes Rauschen sei. Doch als sie den

Astronomen der Princeton-Gruppe erzählten, dass die Temperatur der angenommenen Strahlungsquelle knapp über dem **absoluten Nullpunkt** (0 K oder −273,15 °C) liegen müsse, wussten diese, dass ihre Kollegen von den Bell Labs die Reststrahlung des Urknalls entdeckt hatten. Penzias und Wilson erhielten für ihre Entdeckung den Nobelpreis.

Woher wir das **wissen?**   Rotverschiebung

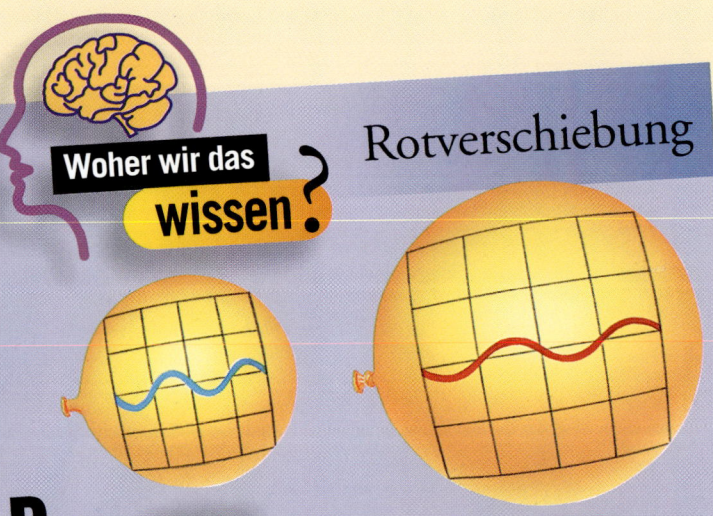

Dass sich andere Galaxien von uns entfernen, wissen wir durch die **Rotverschiebung.** Das Licht der **Sterne** kann in ein **Spektrum** *(Seite 16)* zerlegt werden, das von Rot bis Violett reicht. Licht bewegt sich als Welle, wobei jede Farbe eine eigene **Wellenlänge** aufweist –

Rot ist lang-, Violett kurzwellig. Das Licht entfernter Galaxien zeigt eine Änderung des Spektrums. Seine Wellen werden gedehnt; sie verschieben sich zum roten Ende des Spektrums. Der Grund ist, dass sich die Galaxien von uns entfernen.

Das junge Universum

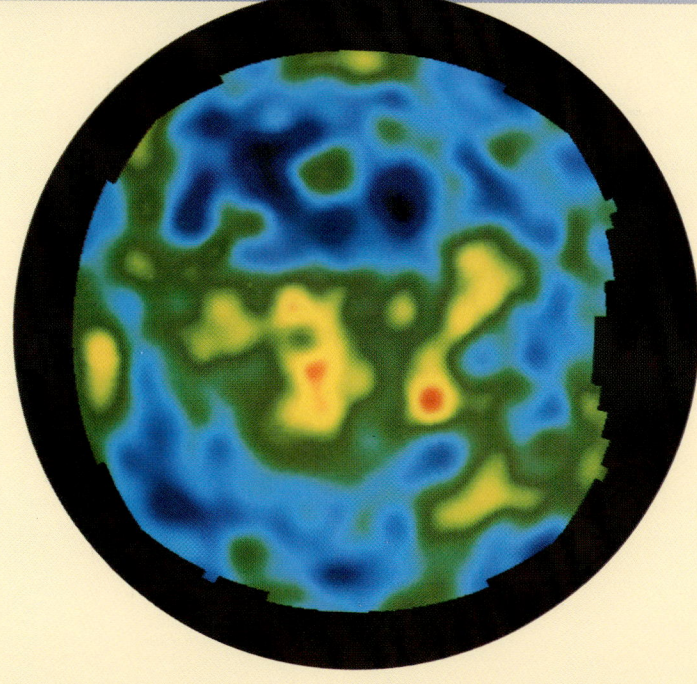

Die beiden Abbildungen oben sind „Babyfotos" – Bilder des Universums, als es erst 300 000 Jahre alt war. Zu jener Zeit wurde es erstmals von Lichtwellen durchdrungen. Satellitenmessgeräte können Reste dieser Strahlung registrieren. Links ist das Universum über unserer Galaxie zu sehen, rechts das Universum darunter. Die Farben, die der Computer hinzugefügt hat, zeigen geringfügige Temperaturunterschiede; Rot ist am wärmsten, Violett am kältesten. Daran ist zu sehen, dass das junge Universum nicht einheitlich war. Es hatte leerere (blau) und dichtere (rot) Zonen, aus denen später die Galaxien entstanden.

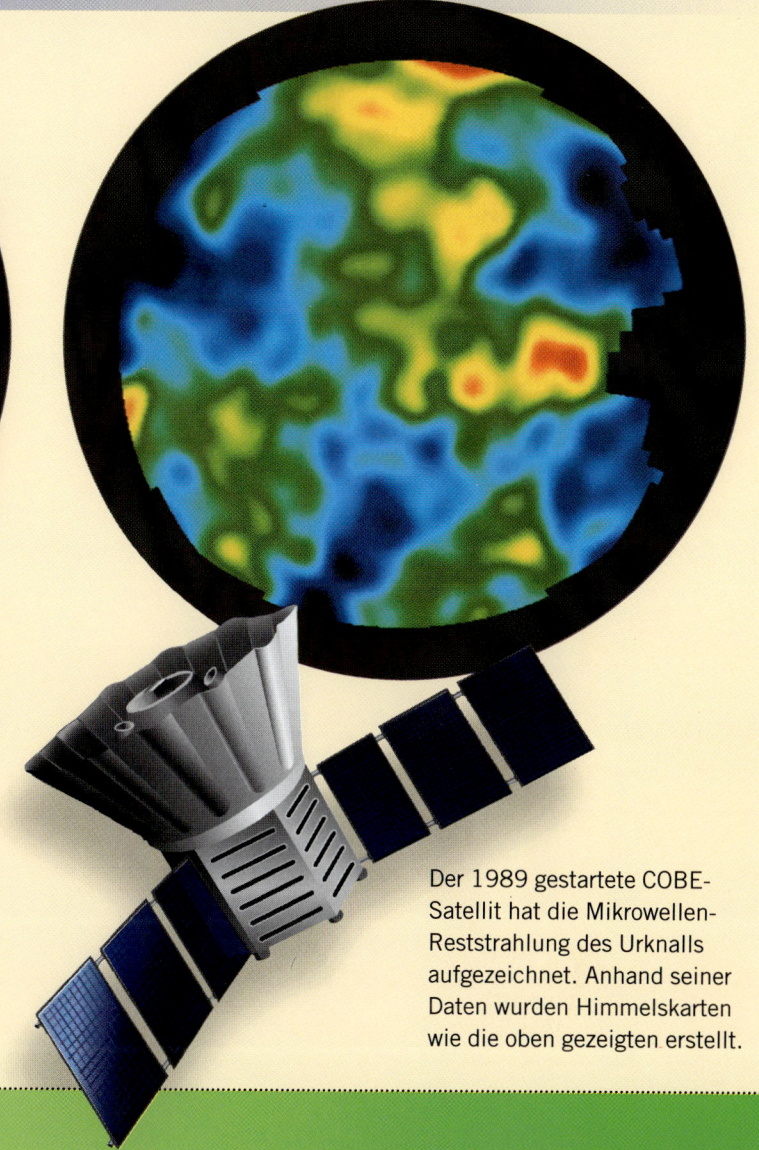

Der 1989 gestartete COBE-Satellit hat die Mikrowellen-Reststrahlung des Urknalls aufgezeichnet. Anhand seiner Daten wurden Himmelskarten wie die oben gezeigten erstellt.

Das Ende des Universums

Es gibt zwei ernst zu nehmende Theorien über das Ende des Universums. Welche von ihnen zutreffen wird, hängt davon ab, wie viel **Masse** das Universum enthält. Unterhalb einer gewissen Grenze ist es „offen" und wird sich so lange ausdehnen, bis alle Sterne ausgebrannt sind. Bei seiner Expansion kühlt es immer weiter ab und erleidet dann schließlich einen äußerst kalten Tod. Ist die Masse des Universums dagegen ausreichend, dann ist es „geschlossen". Wenn es dabei eine bestimmte Größe erreicht, zieht es sich wieder zusammen und kollabiert in einem umgekehrten Urknall, dem so genannten „Big Crunch". Dabei wird das Universum immer heißer, bis alle **Materie** auf unvorstellbar kleinem Raum konzentriert ist.

Offen

Geschlossen

Was ist Licht?

Wie erfahren wir etwas über **Planeten** und **Sterne,** die so weit von uns entfernt sind? Ganz einfach: wir beobachten ihr Licht. Es kann uns viele Informationen liefern. Unter Licht verstehen wir nicht nur das **sichtbare Licht,** sondern alle Arten von **elektromagnetischer Strahlung.** Durch Strahlung breitet sich **Energie** im Weltall aus. Sichtbares Licht und andere Arten der elektromagnetischen Strahlung verhalten sich wie Wellen, die sich mit unvorstellbarer Geschwindigkeit fortbewegen. Es wurden Wellenlängen von mehreren Metern beobachtet, andere sind dagegen mikroskopisch klein. Alle diese Wellen, ob kurz oder lang, existieren nebeneinander im **elektromagnetischen Spektrum** *(unten).*

Die modernen Instrumente können jede Art von Strahlung erfassen, und aus jeder sind neue Informationen über die Strahlungsquelle zu erhalten. Kalte Gaswolken strahlen Infrarotlicht aus. Die Materie, die Schwarze Löcher umgibt, emittiert Röntgenstrahlen, **Pulsare** geben Radiowellen ab. Durch Licht können wir viele Informationen über einen Himmelskörper gewinnen – z. B. wie heiß er ist und wie schnell er sich bewegt.

Zum Vergleich

| Gammastrahlen | Röntgenstrahlen | Ultraviolettlicht | Sichtbares Licht | Infrarotlicht | Mikrowellen | Radiowellen |

Kurzwellig   **Langwellig**

Elektromagnetische Wellenlängen

In gewisser Weise gleichen sich das sichtbare Licht und die Wellen im Mikrowellenherd. In beiden Fällen handelt es sich um elektromagnetische Wellen. Im luftleeren Raum breiten sich alle elektromagnetischen Wellen mit Lichtgeschwindigkeit aus, das sind nahezu 300 000 km pro Sekunde. Die elektromagnetischen Wellen lassen sich in einem Spektrum anordnen *(oben),* das von den kürzesten Gammastrahlen bis zu den längsten Radiowellen reicht. Das sichtbare Licht befindet sich dabei in der Mitte dieses Spektrums. Seine Wellenlängen betragen den Bruchteil eines Millimeters. Man sagt, dass die kürzeren Wellenlängen sich am „blauen Ende" des Spektrums befinden und die längeren am „roten Ende".

Die Gesichter der Sonne

Radio

Die leuchtenden Flecken zeigen aktive Regionen in den äußeren Schichten der Sonnenatmosphäre. Radiostrahlung entsteht beim Zusammentreffen einzelner Teilchen.

Vom einzelnen **Atom** bis hin zu einem Eisberg – alles kann Wellen ausstrahlen, die Teil des elektromagnetischen Spektrums sind *(Vorseite)*. Mit den geeigneten Instrumenten können Wissenschaftler jede Wellenlänge untersuchen. Dabei vermittelt ihnen jede Art der Strahlung neue Erkenntnisse.

Unsere Sonne ist dafür ein treffendes Beispiel. Ein beträchtlicher Teil ihrer Strahlung liegt im sichtbaren Bereich des Spektrums. So können wir jeden Tag sehen, dass die Sonne aufgeht. Sie strahlt aber auch in vielen anderen Wellenlängen, die zwar nicht sichtbar, aber mit Instrumenten zu erfassen sind. Aus jeder Strahlungsart lässt sich ein Bild erstellen *(links)*, das spezifische Informationen über die Sonne liefert.

Sichtbar

Die leuchtende Oberfläche der Sonne ist die Photosphäre. Hier sind **Sonnenflecken** als dunkle Flächen zu sehen.

Ultraviolett

Ultraviolettlicht lässt uns Einzelheiten der Chromosphäre erkennen, die über der Photosphäre liegt. Die leuchtenden Flecken sind aktive Regionen.

Röntgen

Die **Korona,** die äußerste Schicht der Sonne, ist stellenweise so heiß, dass sie Röntgenstrahlung abgibt. Ein Röntgenbild zeigt die bewegte, stürmische Natur der Korona.

Stell dir vor!

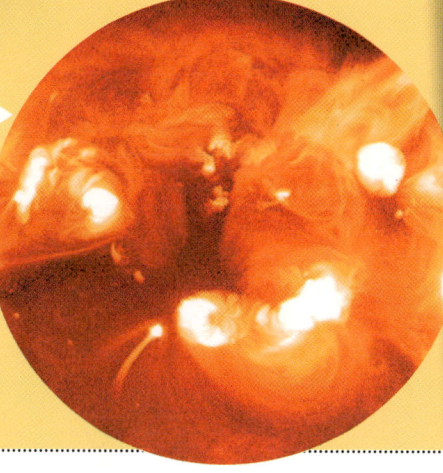

Mit Radioaugen sehen

Wenn du in den Nachthimmel blickst, sehen deine Augen das sichtbare Licht der Sterne. Könntest du stattdessen Radiowellen erkennen, würde der Himmel aussehen, wie auf dieser Aufnahme des „Radiohimmels". Die Milchstraße erstreckt sich von unten links nach oben rechts. Die leuchtenden Flecken stellen Radioquellen oder **Quasare** dar – die leuchtstärksten Objekte des Universums.

Was ist Gravitation?

Die Gravitation ist eine bestimmende Größe im Universum. Sie ist diejenige Kraft, die alle Körper aufeinander bezogen ausüben. Die Gravitationskraft lässt einen geworfenen Ball zu Boden fallen und hält unsere **Galaxie** zusammen.

Der englische Gelehrte Isaac Newton entwickelte die Gravitationsgesetze. Er studierte in Cambridge, das er 1665 wegen einer Pestepidemie verlassen musste. Wieder zu Hause, beschäftigte er sich mit grundlegenden Fragen der Physik, z. B. mit der Natur des Lichts und mit den Planetenbahnen, und er entdeckte das nach ihm benannte Gravitationsgesetz. Newton erkannte, dass jeder Körper eine Anziehungskraft auf andere Körper ausübt. Die Stärke dieser Anziehungskraft ist abhängig von der Masse der Körper und von der Entfernung zwischen ihnen.

Das Newtonsche Gravitationsgesetz gibt eine hinreichende Erklärung dafür, wie sich Körper unter normalen Bedingungen verhalten. Im 20. Jahrhundert hat Albert Einstein allerdings alle Theorien über die Gravitation revolutioniert. 1914–1916 entwickelte er seine allgemeine Relativitätstheorie, nach der massereiche Objekte, z. B. **Sterne,** die Raumzeit um sie herum krümmen; diese Krümmung ist die Gravitation.

Isaac Newton erkannte, dass alle Körper der Gravitation unterliegen.

Für Albert Einstein war Gravitation eine Krümmung der Raumzeit.

Newtons Entdeckung

Eine bekannte, aber unbestätigte Anekdote über Isaac Newton besagt, dass der junge Wissenschaftler anfing, über die Gravitation nachzudenken, als er einen Apfel vom Baum fallen sah.

Schwerelos

Warum sind Astronauten – wie z. B. Mae Jemison *(rechts)* an Bord des Spaceshuttle (1992) – schwerelos? Können sie der Gravitation etwa entkommen?

Nein! Tatsächlich befinden sich die Astronauten im „freien Fall". Die Gravitation zieht das Raumschiff zur Erde. Aber zur selben Zeit will die Fliehkraft es von dem Planeten wegbewegen. Diese beiden Kräfte heben sich auf – was die Astronauten schweben lässt.

Große Massen, wie beispielsweise die Sonne, können die Raumzeit deutlich krümmen. Kleinere Objekte, wie etwa der Planet Merkur, rufen dagegen nur eine leichte Krümmung hervor.

Einsteins Theorien brachten die Astronomen dazu, den Weltraum mit neuen Augen zu betrachten. Fortan stellten sie sich den Raum als großes, dehnbares Gewebe vor. Massereiche Objekte krümmen den Raum. Die Sonne bewirkt danach eine deutliche Ausstülpung, ein kleinerer **Asteroid** dagegen eine kaum spürbare. Wenn ein Lichtstrahl auf die Oberfläche dieses Raumzeitgewebes trifft, folgt er dieser Krümmung um die Sonne herum. Er braucht dann etwas länger, um die Erde zu erreichen. Die Beobachtung von Sternenlicht, das die Sonne in relativer Nähe passiert, hat diese Theorie bestätigt – einer von vielen Beweisen für Einsteins Arbeiten.

Einstein-Ring

Als weiterer Beweis für die Richtigkeit von Einsteins Gravitationstheorien sind die Gravitationslinsen anzusehen. Einstein zufolge können massereiche Himmelskörper, z. B. Sonnen oder Galaxien, Lichtwellen ablenken. Gelegentlich wird das Licht auch aufgespalten und es entstehen zwei Abbilder (unten). In seltenen Fällen kommt es auch zu einem Einstein-Ring (links), wobei das Licht in vier Teile zerlegt wird und wir das Objekt vierfach sehen. Hier sind vier Bilder desselben **Quasars** (quasistellares Objekt) zu sehen, die um eine sehr große Galaxie herum angeordnet sind. Das Licht des Quasars wird von der großen Galaxie abgelenkt.

Galaxie   Quasar

Gravitationslinsen

Stell dir vor, du bist in der amerikanischen Hauptstadt Washington und blickst auf das Hauptgebäude der Smithsonian Institution (links). Plötzlich entsteht zwischen dir und dem Gebäude ein schwarzes Loch mit der Masse des Saturn. Dieses schwarze Loch würde dann wie eine Gravitationslinse wirken. Folglich würden die von dem Gebäude ausgehenden Lichtstrahlen um das schwarze Loch herumgeführt, sich dabei zerlegen und ein doppeltes Bild bewirken (eines aufrecht und eines auf dem Kopf stehend).

Was ist Materie?

Materie ist der Stoff, aus dem alle physikalischen Objekte bestehen. Der Baustein der **Materie** ist das **Atom.** Atome sind so klein, dass 10 Millionen von ihnen zwischen zwei beliebige Wörter in diesem Satz passen würden.

Die 93 in der Natur vorkommenden **Elemente** bestehen aus Atomen, die im Weltall entstanden sind. Wasserstoff und der größte Teil des Heliums bildeten sich beim **Urknall** *(Seiten 12–13).* Die anderen Elemente entstanden in den **Sternen.** Durch die enorme Hitze im Inneren der Sterne verschmelzen einfache Atome zu komplexeren. So wird aus drei Heliumatomen ein Kohlenstoffatom; aus zwei Kohlenstoffatomen bildet sich Magnesium.

Schwerere Elemente entstehen beim Tod großer Sterne in ihren **Kernen**. Die Sterne heizen sich immer weiter auf, bis sie schließlich als **Supernova** explodieren und Elemente wie Silicium und Eisen in das Weltall schleudern. Im Lauf der Zeit ballen sich diese Elemente zusammen und es entstehen große Gesteinsbrocken, die **Planeten.**

Was sind Atome?

Atome bestehen aus drei Teilchen: **Protonen, Neutronen** und **Elektronen.** Protonen und Neutronen bilden den Kern des Atoms, der von den Elektronen umkreist wird. Ein chemisches Element ist immer durch die Anzahl der Protonen in seinem Atomkern gekennzeichnet. Wasserstoff hat ein Proton und ein Elektron. Kohlenstoff, ein größeres Element, besteht aus sechs Protonen und sechs Elektronen *(rechts)*.

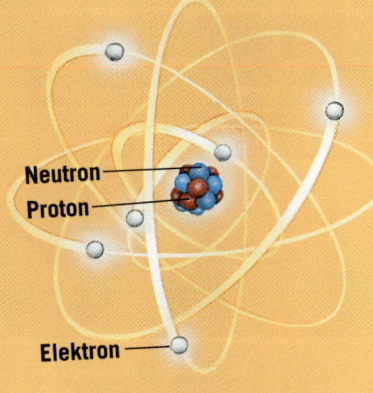

Neutron
Proton
Elektron

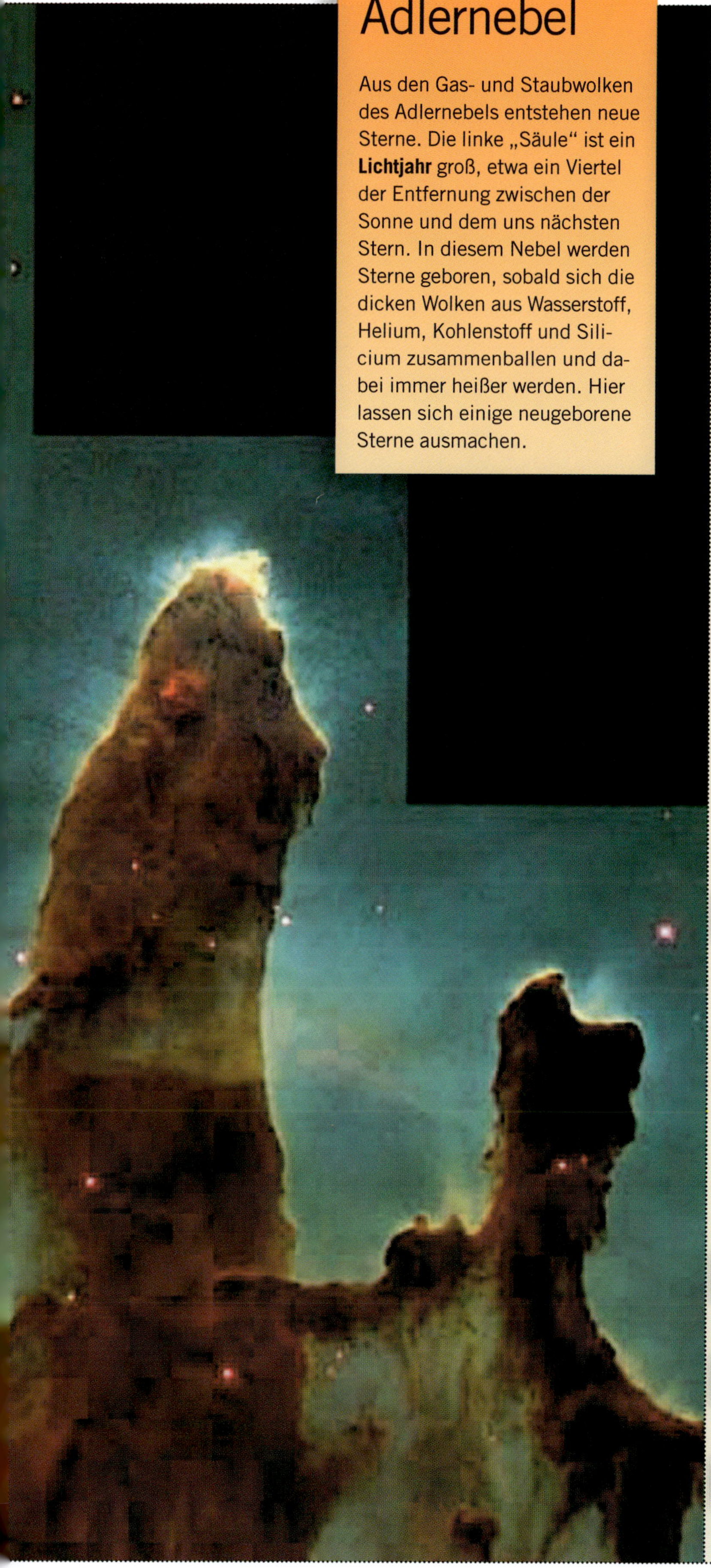

Adlernebel

Aus den Gas- und Staubwolken des Adlernebels entstehen neue Sterne. Die linke „Säule" ist ein **Lichtjahr** groß, etwa ein Viertel der Entfernung zwischen der Sonne und dem uns nächsten Stern. In diesem Nebel werden Sterne geboren, sobald sich die dicken Wolken aus Wasserstoff, Helium, Kohlenstoff und Silicium zusammenballen und dabei immer heißer werden. Hier lassen sich einige neugeborene Sterne ausmachen.

Woraus das Universum besteht

Woher wir das
wissen?

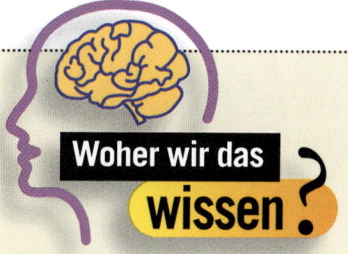

Woher kennen Astronomen die Bausteine, aus denen ein Stern besteht, wenn er so weit weg ist? Und woher wissen sie, ob er sich auf uns zu- oder von uns wegbewegt? Sie untersuchen sein Licht. Dabei verbinden sie einen **Spektralapparat** mit einem Teleskop *(unten)* und zerlegen das Sternenlicht in sein **Spektrum.** Jedes Spektrum weist ein bestimmtes Muster auf.

Spiegel
Spektrum
Prisma

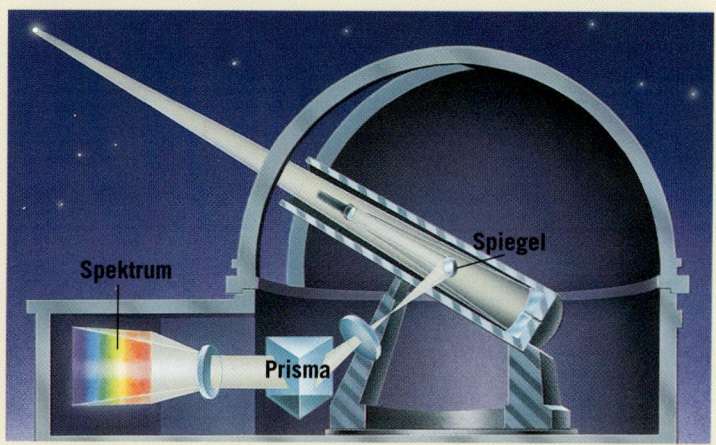

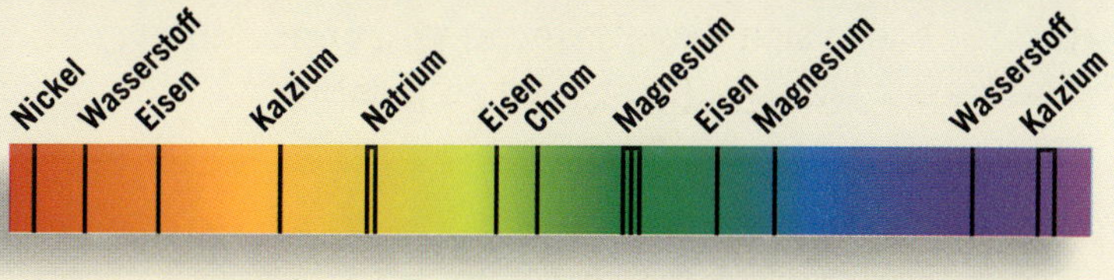

Nickel
Wasserstoff
Eisen
Kalzium
Natrium
Eisen
Chrom
Magnesium
Eisen
Magnesium
Wasserstoff
Kalzium

Was sagt uns das Licht?

Wenn das Licht eines Sterns seine **Atmosphäre** durchdringt, wird ein Teil von den Gasen absorbiert. Das Spektrum dieses Lichts *(oben)* weist dunkle Linien auf, die auf diese Gase hindeuten. Sind diese Linien zum roten Ende verschoben, entfernt sich der Stern von uns. Sind sie aber zum blauen Ende verschoben, kommt der Stern auf uns zu *(unten)*.

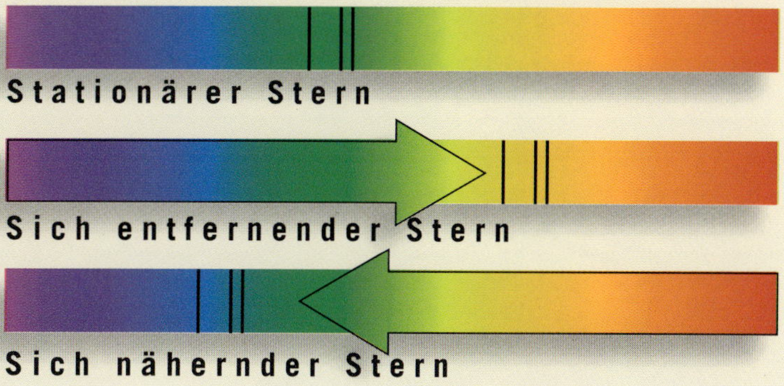

Stationärer Stern
Sich entfernender Stern
Sich nähernder Stern

Was ist ein Stern?

Die leuchtenden, aber weit entfernten **Sterne** sind gigantische Kugeln aus glühendem **Gas** – hauptsächlich aus Wasserstoff und Helium. Die Lebensspanne eines Sterns hängt davon ab, wie schnell er seinen Wasserstoff in Helium umwandelt.

Der Druck im Innern der Sterne ist so hoch, dass die Atomkerne des Wasserstoffs miteinander verschmelzen. Bei dieser **Kernfusion** wird **Energie** in Form von Licht und Wärme freigesetzt; es entsteht auch Helium.

Sterne gibt es in allen Größen und Farben. Die Sonne ist ein Stern von durchschnittlicher Größe, verfügt aber über eine Besonderheit: Sie hat keinen Begleiter. (Die meisten Sterne treten als Doppelsterne oder in Gruppen auf.) Unser nächster – 4,3 **Lichtjahre** entfernte – Nachbar, Proxima Centauri, gehört zu einem Dreifachstern.

Sternennacht

Das aus vier Sternen bestehende Kreuz des Südens *(rechts)* ist ein Sternbild des Südhimmels. Der Hauptstern ist Acrux, der dreizehnthellste Stern am Nachthimmel. Wegen ihrer unterschiedlichen Größe und Entfernung zur Erde sind die Sterne verschieden hell am Nachthimmel zu sehen.

Leute — Sterne auf der Erde

Eine Gruppe von Astronominnen posiert 1925 am Harvard-College-Observatorium für ein Foto. Antonia Maury *(dritte von links)* hatte ein System entwickelt, Sterne nach ihrem **Spektrum** zu klassifizieren. Anny Jump Cannon *(fünfte von links)* verbesserte dieses Verfahren 1898; danach untersuchte sie die Spektren von insgesamt 1122 Sternen. Cannons Verfahren, das heute noch verwendet wird, trug mit dazu bei, unser Wissen über Sterne und Galaxien beträchtlich zu erweitern.

Hell?
Oder nahebei?

Wie hell ein Stern zu sehen ist, hängt von seiner tatsächlichen Helligkeit ab und von seiner Entfernung zur Erde. Bei zwei Sternen, die gleich hell wirken *(unten links),* kann es sich um einen helleren, entfernteren und einen schwächeren, näheren Stern handeln. Sie haben die gleiche **scheinbare Helligkeit**, einer weist aber die größere **absolute Helligkeit** auf. Sind zwei Sterne gleich weit entfernt *(unten rechts),* hat derjenige mit der größeren absoluten auch die größere scheinbare Helligkeit.

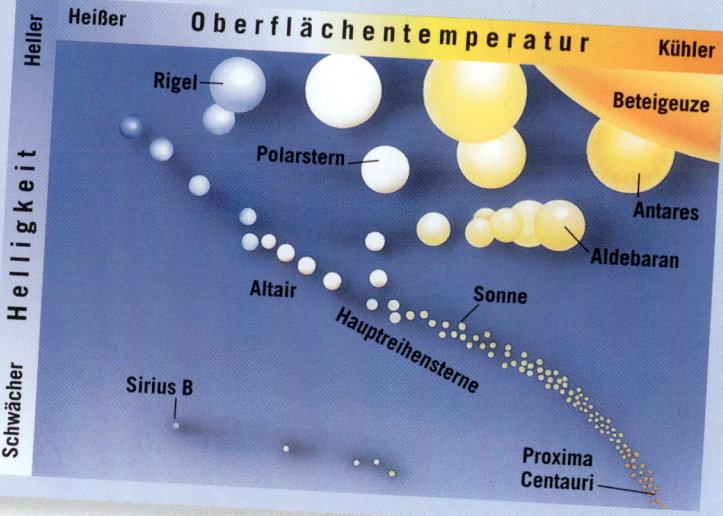

Größe

Die Größe der Sterne reicht von Neutronensternen mit nur 10 km Durchmesser bis zu Überriesen, deren Durchmesser mehr als 1 Milliarde km betragen kann. Sirius B, ein Weißer Zwerg, hat einen Durchmesser von 14 000 km – kaum größer als die Erde. Der Überriese Beteigeuze dagegen ist so groß, dass Astronomen Einzelheiten seiner Oberfläche ausmachen können *(Seite 26)* – auch wenn er 650 Lichtjahre von uns entfernt ist.

Überriese

Roter Riese

Blauer Hauptreihenstern

Gelber Stern

Roter Zwerg

Weißer Zwerg

Hertzsprung-Russell-Diagramm

Das Hertzsprung-Russell-Diagramm *(unten)* zeigt den Zusammenhang zwischen der Oberflächentemperatur eines Sterns und seiner absoluten Helligkeit – derjenigen Lichtmenge, die er tatsächlich abgibt. Die meisten Sterne (auch

unsere Sonne) gehören zu den Hauptreihensternen. Andere, einschließlich der Weißen Zwerge sowie der Roten Riesen und Überriesen, fallen aus der Hauptreihe heraus – sie befinden sich am Ende ihres Lebens.

Heller — Heißer — **Oberflächentemperatur** — Kühler

Helligkeit — Schwächer

Rigel

Polarstern

Altair

Sirius B

Beteigeuze

Antares

Aldebaran

Sonne

Hauptreihensterne

Proxima Centauri

Lebenszyklus eines Sterns

Der Tod eines Riesen

Sterne „leben" nicht eigentlich, sie durchlaufen aber Stadien, die man als Geburt, Leben und Tod bezeichnet. Ein **Stern** macht in seinem Leben Veränderungen durch, freilich in Millionen oder Milliarden von Jahren. Die meisten Roten Riesen und Weißen Zwerge sind älter als die Sonne.

Sterne entstehen aus **Nebeln**; das sind riesige Wolken aus interstellarem **Staub** und aus **Gasen,** meist Wasserstoff. Die **Gravitation** zieht große Mengen dieser Gase zu dichten, rotierenden Wolken zusammen. Die Wasserstoffatome beginnen dabei, miteinander zu kollidieren und sich aufzuheizen. Wenn das Zentrum der Wolke etwa 15 000 000 °C heiß ist, setzt die Kernfusion ein, und der Stern beginnt zu leuchten. Wie lange das andauern wird, hängt von seiner **Masse** ab; je größer die Masse, desto kürzer ist sein Leben.

Nachdem ein großer Stern (von mindestens der achtfachen Sonnenmasse) seinen Wasserstoffvorrat verbraucht hat, wird er zu einem Roten Überriesen. Während der nächsten Millionen Jahre schrumpft der Überriese dann wieder, bis er als hell leuchtende **Supernova** explodiert. Der verbleibende Kern ist klein und zieht sich zu einem Neutronenstern zusammen. Wenn dieser Kern ausreichend Masse aufweist, kann er sogar zu einem Schwarzen Loch werden.

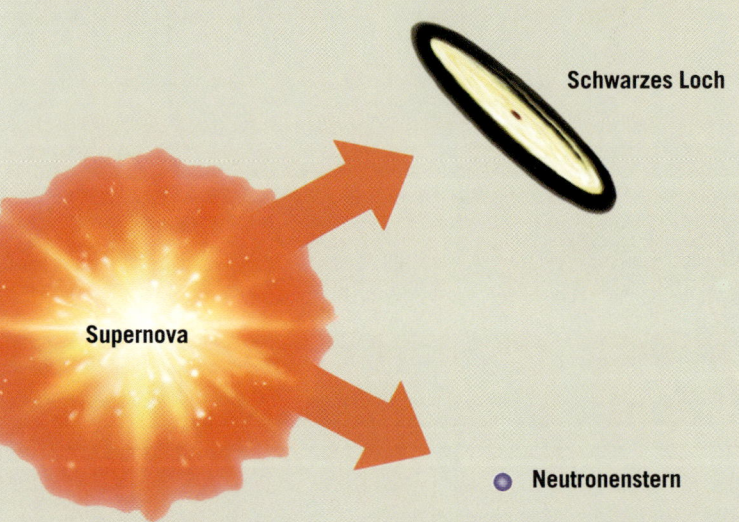

Schwarzes Loch

Supernova

Neutronenstern

Roter Überriese

Roter Riese

Blauer Hauptreihenstern

Protosterne

Nebel

Gelber Stern

Roter Riese

Planetarischer Nebel

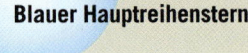

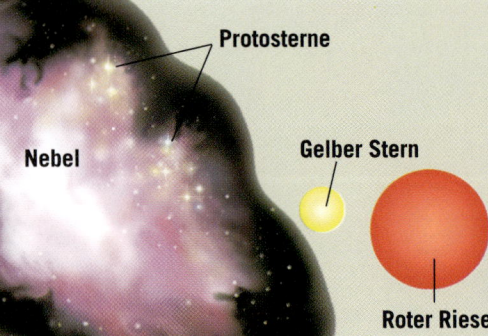

Das Leben normaler Sterne

Ein normaler Stern (z. B. unsere Sonne) lebt länger und endet weniger spektakulär als ein großer Stern. Unsere Sonne wird noch weitere fünf Milliarden Jahre leuchten, bis ihr Wasserstoff verbraucht ist. Ihre äußeren Schichten werden sich dann abkühlen und ausdehnen. So dürfte aus unserer Sonne ein Roter Riese werden. Ein normaler Stern stößt schließlich die äußeren Schichten ab und wird zu einem Weißen Zwerg, nachdem er abgekühlt ist, zu einem Schwarzen Zwerg.

Weißer Zwerg   **Schwarzer Zwerg**

Die Geburt eines Sterns

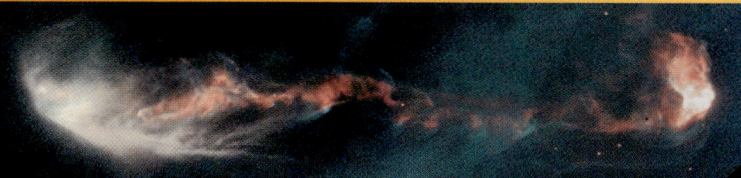

Auf diesem vom Weltraumteleskop Hubble aufgenommenen Foto ist zu erkennen, wie ein neugeborener Stern einen fünf Billionen km langen Gasstrahl ausstößt. Dieser Strahl trifft auf interstellare Materie und bringt diese zum Leuchten. Der junge Stern ist in der leuchtenden Wolke auf der rechten Seite unten verborgen.

Solche interstellaren Gas- und Staubwolken können die Geburtsstätte vieler Sterne sein. Der Grund für den Gasstrom, der im Entstehungsprozess eines neuen Sterns ausgestoßen wird, ist noch nicht restlos geklärt. Man nimmt aber an, dass dieser Gasstrom im Zusammenhang steht mit der bei der Geburt frei werdenden Energie.

Leute — Star aus Indien

Als Subrahmanyan Chandrasekhar *(rechts)* 1930 von Indien nach England kam, war er ein 20jähriger Student. Schon damals hatte er erkannt, dass Sterne, die mehr als die 1,44-fache Sonnenmasse aufweisen, nicht als Weiße Zwerge enden, sondern weiter zusammenfallen. Nicht sicher war er sich allerdings, wie das Endstadium aussieht. Seine Arbeiten führten zur Entdeckung der schwarzen Löcher und der Neutronensterne. Für seine Arbeiten über die Entwicklung von Sternen erhielt der Forscher 1983 den Nobelpreis für Physik.

Was sind Nebel?

Eine interstellare Wolke aus Staub und Gasen nennen wir Nebel. Er kann die Geburtsstätte oder das Grab von Sternen sein. Manche Nebel sind so groß (sie können sich über mehrere **Lichtjahre** erstrecken), dass man sie bisweilen sogar mit dem bloßen Auge erkennen kann. Nachfolgend sind einige der schönsten Nebel abgebildet.

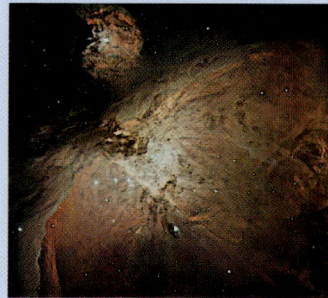

Emission

Der Orionnebel *(links)* ist ein Emissionsnebel. Solche Nebel werden durch die Strahlung junger, heißer Sonnen zum Leuchten angeregt.

Reflexion

Die Rho-Ophiuchi-Wolke *(rechts oben)* und die Antares umgebende Wolke *(rechts, links unten)* sind Reflexionsnebel. Die Staubteilchen in diesen Nebeln reflektieren das Licht der Sterne.

Dunkel

Der Pferdekopfnebel *(links)* ist eine Wolke aus Staub und Gasen. Er ist dunkel, weil er das Licht einer hinter ihm liegenden Wolke blockiert.

Planetarisch

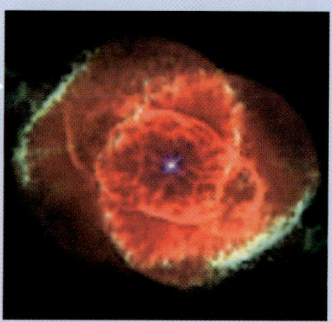

Planetarische Nebel *(rechts)* stammen von sonnenähnlichen Sternen, die ihre äußere Schale abgestoßen haben. Sie heißen planetarisch, weil sie wie die Scheibe eines Planeten aussehen.

Wenn Sterne alt werden

Die Lebensspanne eines **Sterns** hängt von seinem Wasserstoffverbrauch ab. Rote Zwerge – die kleinsten Sterne – können viele Milliarden Jahre leben, weil sie ihren Wasserstoff nur langsam verbrennen. Mittelgroße Sterne haben einen höheren Verbrauch und überdauern etwa zehn Milliarden Jahre. Die größten Sterne, die Überriesen, verbrauchen ihren Brennstoff in einigen Millionen Jahren. Bei der Sonne besteht diese Gefahr nicht: Wegen ihrer durchschnittlichen Größe (und ihres durchschnittlichen Wasserstoffverbrauchs) wird sie noch fünf Milliarden Jahre leben.

Wenn mittlere Sterne ihren Wasserstoff aufgebraucht haben, verbrennen sie in den folgenden 100 Millionen Jahren das Helium, das in ihrem **Kern** entstanden ist. Ist dieses dann ebenfalls verbraucht, wird der mittelgroße Stern zu einem Weißen Zwerg.

Ein massereicher Stern findet dagegen ein spektakuläres Ende: Er explodiert als helle Supernova.

Der Tod unseres Sonnensystems

Wenn das Ende unserer Sonne gekommen ist (sie ist im mittleren Alter), zieht sich ihr Kern zusammen, während sich ihre äußere Hülle ausdehnt. In etwa fünf Milliarden Jahren wird sie zum Roten Riesen, der dann 100mal größer und 500mal heller als heute ist. So wird sie Merkur und Venus verschlingen und die Erdoberfläche in flüssiges Gestein verwandeln.

Unser lokaler Überriese

Beteigeuze *(links)*, ein Roter Überriese, könnte der größte Stern in unserer Region der Milchstraße sein. Er ist 500 **Lichtjahre** von der Erde entfernt, aber wegen seiner 400-fachen Größe unserer Sonne der zehnthellste Stern am Himmel. Wäre die Sonne so groß, würde sie weit über die Marsbahn hinausreichen.

Anders als die Sonne mit ihren kleinen **Sonnenflecken** weist Beteigeuze einen großen, hellen Fleck (von mehr als zehnfacher Erdgröße) auf, dessen Ursache noch ungeklärt ist.

Auf diesem von dem Weltraumteleskop Hubble aufgenommenen Foto ist auf der Oberfläche von Beteigeuze ein großer Fleck sichtbar.

Was sind schwarze Löcher?

Wenn ein großer Stern (dessen Masse mehr als 3,2 Sonnenmassen ausmacht) kollabiert, entsteht ein schwarzes Loch, eine der bizarrsten Erscheinungen im Universum.

Die extrem kleinen schwarzen Löcher weisen eine derart hohe **Gravitation** auf, dass nicht einmal das Licht entweichen kann.

Du denkst vielleicht: „Wenn kein Licht entweichen kann, wie können wir dann ein schwarzes Loch sehen?" Die Antwort lautet: Wir können es auch gar nicht sehen – zumindest nicht direkt. Astronomen erkennen schwarze Löcher durch deren Auswirkungen auf andere Himmelskörper: Wenn sich ein schwarzes Loch in der Nähe eines anderen Sterns befindet, kann es Gase von diesem Stern abziehen. Diese Gase senden Röntgenstrahlen aus, die von **Satelliten** in der Erdumlaufbahn empfangen werden. So können die Astronomen auf die Existenz eines schwarzen Loches schließen.

Neutronenstern

Professor Dave Arnett hält eine 1,3 cm große Kugel, um zu zeigen, wie groß der Sears Tower in Chicago wäre, würde seine Substanz zur **Dichte** eines Neutronensterns komprimiert. Ein Neutronenstern, der Überrest einer **Supernova,** hat einen Durchmesser von nur 10 km.

Er ist so dicht, dass ein Teelöffel seiner Materie 100 Millionen Tonnen wiegen würde.

Neutronensterne entdecken

Die britische Astronomin Jocelyn Bell *(unten)* steht 1967 inmitten der 2048 Antennen des Radioteleskops der Universität Cambridge. Sie entdeckte einen mehrere hundert Lichtjahre entfernten Himmelskörper, der alle 1,33 Sekunden ein Radiosignal sendet. Schon ein Jahr später galt allgemein als anerkannt, dass Bell den ersten Neutronenstern entdeckt hatte. Ein solcher pulsierender Neutronenstern, ein **Pulsar,** rotiert schnell um seine **Achse** und sendet Radiowellen aus, die die Erde in regelmäßigen Abständen erreichen. Wie auf der Abbildung unten zu erkennen ist, sieht der Stern aus, als ob er blinken würde.

Blauer Überriese

Schwarzes Loch

Röntgen-strahlen

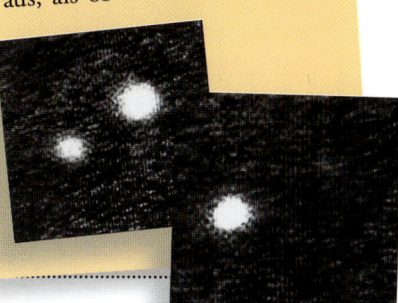

Was ist eine Supernova?

Das Leben massereicher **Sterne** endet in einer Katastrophe. Im Bruchteil einer Sekunde stürzt dabei alle Sternmaterie in sich zusammen und schrumpft zu einer gasförmigen Eisen-Nickel-Kugel, die wesentlich kleiner als die Erde ist und nicht einmal 100 km Durchmesser aufweist. In diesem Zustand strahlt der Stern 100-mal mehr **Energie** ab als unsere Sonne in ihrem ganzen Leben, und zwar in Form von Neutrinos – Elementarteilchen mit geringer Masse, die sich mit Lichtgeschwindigkeit fortbewegen.

Der Kern zieht sich sodann weiter bis zu einem Durchmesser von etwa 20 km zusammen. Die Temperatur im Inneren hat jetzt 170 000 000 °C erreicht. Nun stürzen Teile der äußeren Schalen mit einem Viertel der Lichtgeschwindigkeit auf den Kern, wodurch der Stern als strahlend helle **Supernova** schließlich explodiert.

1984

1987

Alles war ruhig in der Nähe des Tarantelnebels – eines Emissionsnebels in der Großen Magellanschen Wolke – als er 1984 fotografiert wurde *(oben)*. Am 23. Februar 1987 konnte dann aber beobachtet werden, wie ein Überriese am Rand des Nebels zur Supernova wurde – er explodierte *(rechts)*. Anders als bei bisher beobachteten Supernovae dauerte es bei dieser (Bezeichnung: Supernova 1987 A) 88 Tage bis zum Helligkeitsmaximum. Drei Jahre später *(unten rechts)* konnte das Weltraumteleskop Hubble die Supernova immer noch erkennen. Sie zeigte sich jetzt von Materie umgeben *(grüner Ring)*, die durch die Explosion davongeschleudert worden war.

Einst & JETZT!

Helles Licht am Himmel

Im Jahre 1054 erschien ein Stern am Himmel, der so hell leuchtete, dass er sogar tagsüber sichtbar war. Auch die Pueblo-Indianer im heutigen US-Bundesstaat New Mexico beobachteten ihn und hielten seine Erscheinung als Steinzeichnung fest *(oben)*. Heute wissen wir, dass es sich bei diesem hellen Stern um eine Supernova handelte. Deren Überreste sind noch immer als Crabnebel zu sehen *(oben)*.

Eine Explosion im Weltall

Die Supernova 1987 A ist eine Entdeckung des menschlichen Auges und auch hochmoderner Messinstrumente. Ian Shelton, Astronom an einer chilenischen Sternwarte, entdeckte die Supernova am 24. Februar 1987 auf einem Foto der Großen Magellanschen Wolke. In der Annahme, es läge ein Irrtum vor, eilte er ins Freie; dort war die Supernova unterhalb des Tarantelnebels zu sehen – die hellste seit 383 Jahren. Oscar Duhalde hatte den neuen Stern bereits zwei Stunden früher gesehen. Erste Anzeichen gab es freilich schon vorher: Neutrinodetektoren in den USA, Japan und der UdSSR hatten bereits zwei Stunden bevor das Ereignis zu sehen war, Neutrinos der Supernova aufgefangen.

Ian Shelton *(oben)* gelang am Las-Campanas-Observatorium in Chile eines der ersten Fotos der Supernova 1987 A. Auch Oscar Duhalde *(unten)* war einer ihrer Entdecker.

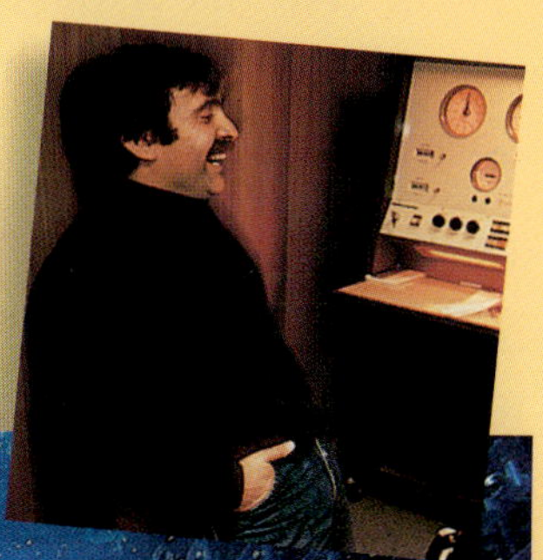

1990

Ein Taucher inspiziert einige der Sensoren an den Wänden des Unterwasser-Neutrinodetektors 600 m tief im Eriesee. Dieses Instrument fing am 23. Februar acht Neutrinos der Supernova 1987 A auf.

Was ist eine Galaxie?

Galaxien sind riesige Wolken aus **Staub, Gas** und **Sternen.** Bald nach der Geburt des Universums entstanden, werden sie durch Gravitationskräfte zusammengehalten und sind in steter Bewegung.

Die kleinsten Galaxien enthalten nur wenige Millionen Sterne, die größten vielleicht bis zu einer Billion. Wie rechts zu sehen, können sie verschiedene Formen haben. Mal handelt es sich dabei um unregelmäßige Sternhaufen, mal weisen sie eine Spiralform auf.

Eine solche Spiralgalaxie ist unsere „Heimatgalaxie", die Milchstraße. Die Sonne befindet sich in einem der Spiralarme der Milchstraße. Unsere Heimatgalaxie ist der so genannten **lokalen Gruppe** zugehörig, einem Galaxienhaufen mit etwa 20 Galaxien, deren massereichste neben der Milchstraße der Andromedanebel ist.

Woher kommt der Name?

Der Sombreronebel *(unten)* ist eine der Galaxien, die den Namen ihrem Aussehen verdanken. Andere sind der Whirlpoolnebel und die Antennengalaxien. Als erster hat Edwin Hubble die Galaxien nach ihrem Aussehen *(siehe rechts)* klassifiziert. Heute werden neu gefundene Galaxien häufig nach ihrem Entdecker benannt. Andere, z. B. NG 1365, tragen als Namen nur Buchstaben und Kennziffern.

Verschiedene Galaxien

Spirale

Spiralgalaxien, z. B. M 83 *(rechts)* oder die Milchstraße, bestehen aus einer großen, flachen Scheibe und Spiralarmen mit hellen jungen Sternen. Im galaktischen Zentrum befinden sich die älteren Sterne.

Balkenspirale

In der Mitte von Galaxien wie NGC 1365 *(links)* sind die Sterne in einem leuchtenden Balken angeordnet. Die Spiralarme scheinen von den Enden des Balkens auszugehen und nicht vom Zentrum.

Elliptisch

Scheibenförmige elliptische Galaxien wie M 87 *(rechts)* sind der am häufigsten vorkommende Typus. Sie bestehen meist aus alten Sternen; in ihnen befinden sich großenteils Rote Riesen.

Irregulär

Manche Galaxien, z. B. die Große Magellansche Wolke *(links)*, haben eine unregelmäßige Form und werden als irregulär bezeichnet. Sie weisen oft viele junge, blaue Sterne auf sowie Wolken aus Staub und Gasen.

Die Milchstraße

Alle Sterne, die du nachts am Himmel sehen kannst, gehören zu unserer Galaxie, der Milchstraße. Es handelt sich um eine Spirale mit einer Ausdehnung von 120 000 Lichtjahren und 200 bis 300 Milliarden Sternen. Unser Sonnensystem liegt etwa 28 000 Lichtjahre vom galaktischen Zentrum entfernt in einem der Spiralarme, dem Orionarm. Von der Seite gesehen ist das Zentrum *(unten)* der Milchstraße deutlich zu erkennen.

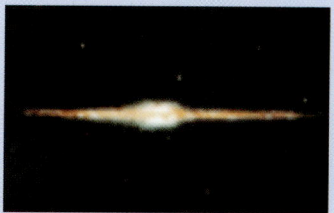

Seltsam aber wahr!

Dunkle Materie

In einer klaren, dunklen Nacht ist der Himmel mit Sternen übersät *(oben)*. Was du aber nicht sehen kannst, sind 80 Prozent der **Masse** des Universums. Die so genannte „dunkle Materie" macht sich nur durch die Auswirkungen bemerkbar, die sie auf die Galaxien und Galaxienhaufen hat.

Was ist dunkle Materie? Könnten es Millionen von schwarzen Löchern sein? Wahrscheinlich nicht. Oder Milliarden **Planeten** von der Größe des Jupiters? Vielleicht. Oder eine neue Art von Elementarteilchen? Möglich. – Bis heute gibt es nur Vermutungen.

Wenn Galaxien kollidieren

Die Kollision zweier Galaxien ist ein Zusammenstoß von wahrhaft kosmischen Ausmaßen. Das Weltraumteleskop Hubble hat 1997 eine solche Kollision festhalten können, als es Bilder vom Ineinanderlaufen der beiden so genannten Antennengalaxien machte *(unten)*. Der Zusammenstoß war nicht nur zerstörerisch: Als die beiden Galaxien kollidierten, haben sich in ihrem Inneren Wolken aus Staub und Gasen gebildet, aus denen einst neue Sterne entstehen können.

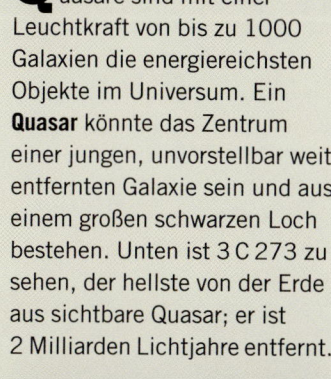

Was sind Quasare?

Quasare sind mit einer Leuchtkraft von bis zu 1000 Galaxien die energiereichsten Objekte im Universum. Ein **Quasar** könnte das Zentrum einer jungen, unvorstellbar weit entfernten Galaxie sein und aus einem großen schwarzen Loch bestehen. Unten ist 3 C 273 zu sehen, der hellste von der Erde aus sichtbare Quasar; er ist 2 Milliarden Lichtjahre entfernt.

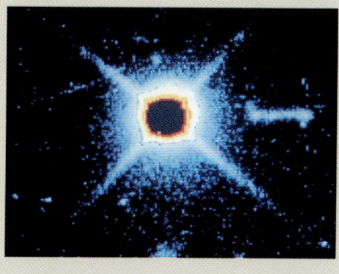

Sterngucker

Die alten Griechen haben die **Sterne** mit gedachten Linien verbunden und in den so entstandenen Figuren Menschen, Tiere und alltägliche Dinge gesehen, die so genannten **Sternbilder.** Der griechische Astronom Ptolemäus kannte 48 Sternbilder; inzwischen sind 40 weitere hinzugekommen.

Auch du kannst sehen, was die alten Griechen sahen: Die meisten Sternbilder sind ganzjährig sichtbar, wegen der Eigenbewegung der Erde aber zu verschiedenen Uhrzeiten. Je länger du wach bleibst, desto mehr kannst du am Nachthimmel erkennen.

Für unsere Vorfahren war die Beobachtung des Himmels mehr als ein Hobby: Seefahrer haben sich an den Sternen orientiert. Sterne sollten auch die Geheimnisse des Lebens deuten – und die Zukunft vorhersagen. Auch heute noch faszinieren uns die Sterne.

Was ist Astrologie?

Die Astrologie diente in alten Kulturen dazu, viele Dinge des Lebens mithilfe der Sterne und **Planeten** zu deuten. Auch heute noch glauben Astrologen daran, dass die Persönlichkeit und die Zukunft der Menschen beeinflusst wird durch den Stand der Planeten, der Sonne und des Mondes bei ihrer Geburt. Astronomen dagegen nehmen die Astrologie nicht ernst; sie betrachten sie als Aberglaube und nicht als seriöse Wissenschaft.

Sternbilder in anderen Ländern

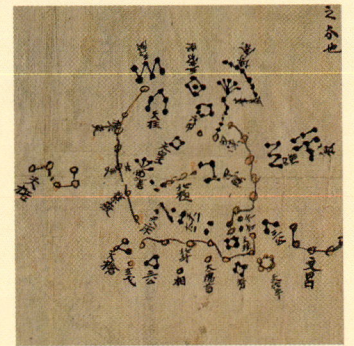

Auf dieser alten chinesischen Sternkarte *(links)* ist unten der Große Wagen zu erkennen. Im alten China (und in fast allen alten Kulturen) glaubte man, dass in den Sternen der Schlüssel zu den Geheimnissen des Lebens zu finden sei. Die Chinesen zeichneten Sternkarten, die 28 Sternbilder enthielten.

Auch viele Indianerstämme haben Sternbilder benannt. Gelegentlich wurden diese Konstellationen auf zeremoniellen Sternkarten aus Tierhäuten festgehalten *(links)*.

Löwe

Krebs

Zwillinge

Dezember

Widder

Stier

Tierkreiszeichen

Zwölf Sternbilder, die gleichmäßig über das Himmelsgewölbe angeordnet sind, stellen die Tierkreiszeichen dar *(links)*. Die Bahn der Erde um die Sonne bildet dabei eine imaginäre Linie, die Ekliptik, die alle zwölf Tierkreiszeichen verbindet. Wenn die Erde im Lauf eines Jahres ihre Bahn um die Sonne zieht, werden verschiedene Sternbilder sichtbar. Für einen Beobachter auf der Erde sieht es so aus, als ob die Tierkreiszeichen über den Nachthimmel wandern. Ungefähr jeden Monat ist ein neues Tierkreiszeichen zu sehen.

Der Polarstern

Mit einem einfachen Trick kannst du die Sternbilder am Nachthimmel finden und ohne Kompass ermitteln, wo Norden ist. Als erstes suchst du den Großen Wagen *(oben rechts)*, der wie ein Kochtopf mit langem Handgriff („Deichsel") aussieht. Stelle dir jetzt eine Linie von unten nach oben durch die beiden äußeren Sterne des Topfes vor und verlängere sie bis zum Polarstern. Wenn du jetzt auf den Polarstern schaust, ist Norden vor dir, hinter dir Süden, auf der rechten Seite Osten und auf der linken Westen. Der Polarstern steht immer im Norden; die anderen Sterne scheinen um ihn zu kreisen *(Langzeitaufnahme oben)*.

Was sind Sternbilder?

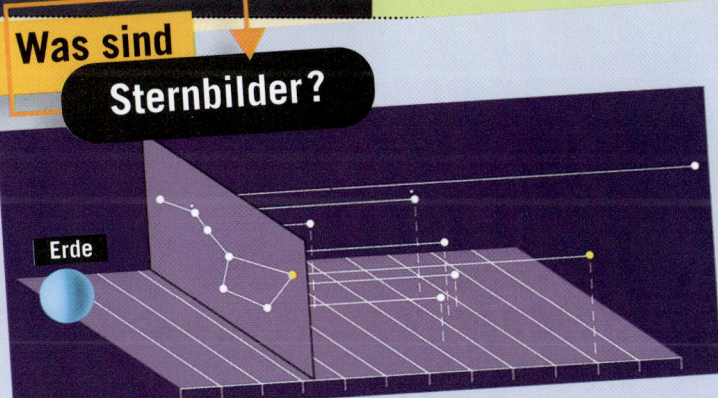

Erde

Ein Sternbild ist eine Gruppe von Sternen, z. B. der Große Wagen *(oben)*, die scheinbar zusammengehören, tatsächlich aber weit voneinander entfernt sein können. Diese optische Täuschung entsteht, weil der Mensch die räumliche Tiefe nicht sehen kann. Die beiden äußeren Deichselsterne des Großen Wagens sehen aus, als ob sie nahe zusammen stehen; der erste ist aber 198 **Lichtjahre** von der Erde entfernt, der zweite dagegen 78 Lichtjahre. Von der Seite aus betrachtet *(siehe oben)* stehen die Sterne in keinem Zusammenhang.

Umlauf um den Pol

Sterne und Sternbilder, die das ganze Jahr über nie unter dem Horizont verschwinden, heißen Zirkumpolarsterne. Dazu gehören der Große Wagen (die hellsten Sterne des Ursa Major oder Großen Bären), der Kleine Wagen (die hellsten Sterne des Ursa Minor oder Kleinen Bären), Cassiopeia, der Drache (auch Draco) und Kepheus (auch Cepheus). Je nach Jahreszeit erscheinen die Zirkumpolarsterne an verschiedenen Stellen des nördlichen Sternenhimmels.

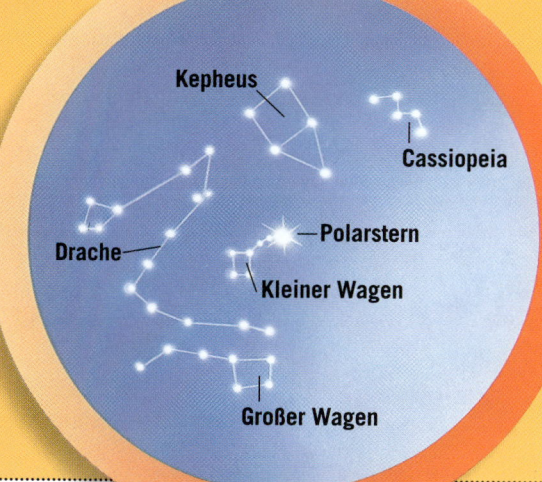

Kepheus

Cassiopeia

Polarstern

Kleiner Wagen

Drache

Großer Wagen

Der Winter ist eine gute Zeit, um die Sterne zu beobachten. Dann ist die Luft klar und die Bäume tragen keine Blätter. Sobald du das **Sternbild** Orion erkennst, kannst du auch die anderen Sternbilder des Winterhimmels finden. Dazu gehören Orions Jagdbegleiter: Canis Major, der Große Hund, und Canis Minor, der Kleine Hund. Sirius, der hellste Stern am Nachthimmel, gehört zum Großen Hund und wird deshalb auch Hundsstern genannt.

Nach griechischer Sage hat der Jäger Orion sieben Schwestern verfolgt, die Plejaden, und wurde deshalb von der Göttin Artemis getötet und als Sternbild in den Himmel gesetzt. Tatsächlich sind die Plejaden ein Sternhaufen im Sternbild Stier. Sieben **Sterne** der Plejaden sind mit bloßem Auge sichtbar. Das Alter der Plejaden wird auf mindestens 50 Millionen Jahre geschätzt.

Orion, der Jäger

Das Sternbild Orion (rechts) ist leicht zu erkennen. Die drei Sterne in einer Reihe sind sein Gürtel; von dort herab „hängen" drei schwächere Sterne, sein Schwert. Orions rech-

te Schulter (der rote Stern Beteigeuze) und der linke Knöchel (der blauweiße Stern Rigel) sind im Winter gut zu sehen.

Für die Astronomen im antiken Griechenland galt Orion als Jäger (links) oder als Bogenschütze. Andere Kulturen hatten eine andere Sichtweise: Für die Ägypter haben diese Sterne ihren Gott Osiris verkörpert; für die nordamerikanischen Pawnee-Indianer stellten die drei Gürtelsterne Hirsche dar.

Ein Jäger, ein Hund und ein Stier

Es erfordert Geduld, ein erfahrener Himmelsgucker zu werden; die Sternkarte (unten) kann eine gute Hilfe sein. Wenn du im Winter um 9 Uhr abends nach Süden schaust, kannst du den Orion sehen (achte auf die drei Sterne in seinem Gürtel). Wenn du die Gürtellinie Orions nach links unten verlängerst, triffst du auf Sirius, den hellsten Stern am Nachthimmel. Sirius wird auch Hundsstern genannt, weil er zum Sternbild Canis Major (Großer Hund) gehört. Verlängerst du Orions Gürtel aber nach rechts oben, findest du Aldebaran, den hellsten Stern im Sternbild Stier (Taurus).

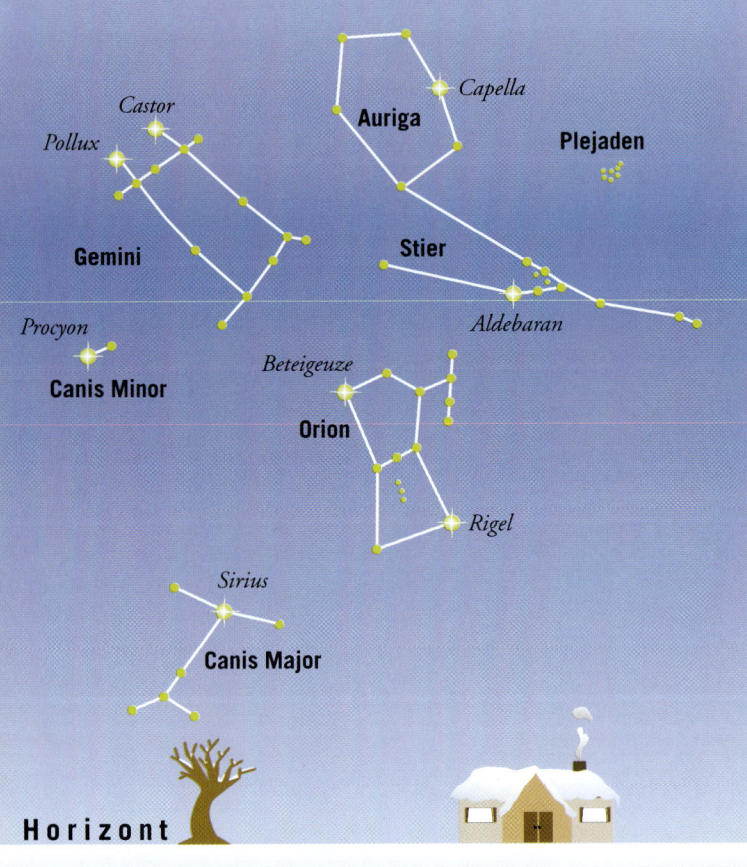

Winter, Blick nach Süden (früher Abend)

Norden

Osten

Westen

Süden

Stier
(Taurus)

Canis Major
(Großer Hund)

Diese Kartezeigt den Himmel, wie er an Winterabenden gegen 9 Uhr bei etwa 50 Grad nördlicher Breite erscheint. Du solltest zuerst den Polarstern suchen. Dreh dich dann nach Süden, halte die Karte über den Kopf und richte sie nach den Himmelsrichtungen aus. Orion sollte hoch am Himmel stehen, und der Große Wagen hinter dir im Norden. Wie viele Sternbilder kannst du erkennen? (Auf der Karte stellt die gelbe Linie die Ekliptik dar; die purpurfarbene ist der Himmelsäquator.)

1. Polarstern
2. Großer Wagen
3. Ursa Major
4. Kleiner Wagen
5. Cassiopeia
6. Kepheus
7. Orion
8. Großer Hund
9. Kleiner Hund
10. Stier
11. Auriga
12. Gemini
13. Milchstraße
14. Plejaden

Sternschwestern

Die Sterne der Sternbilder sind meist weit voneinander entfernt. In einem Sternhaufen stehen sie freilich recht dicht zusammen. Der hellste Sternhaufen am Winterhimmel sind die Plejaden *(oben)*, auch Siebengestirn genannt.

Sternbilder des **Frühlings**

Im Frühjahr zeigt der Himmel die Opfer des Herakles. Denn wenn im März die **Sternbilder** des Winters verschwinden, erscheinen im Osten drei Konstellationen, die zum Teil nach Feinden des Herakles benannt sind.

Am einfachsten ist der Löwe auszumachen. Er befindet sich unterhalb des Großen Wagens. Der Löwe soll unverwundbar gewesen sein, konnte von Herakles aber erwürgt werden, der später dessen Fell als Panzer trug.

Herakles hat auch die vielköpfige Hydra getötet. Dieser Schlange wuchsen der Legende nach für jeden abgeschlagenen Kopf zwei neue nach. In der **Astronomie** ist die Hydra im Frühjahr das längste Sternbild.

Die dritte neue Konstellation des Frühjahrs ist der Krebs, der zwischen den Sternbildern Zwillinge und Löwe liegt. Der Krebs ist nur schwer zu erkennen – er enthält keine hellen **Sterne.** Doch die Suche lohnt sich: Mit einem kleinen Fernrohr ist Praesepe zu erkennen, ein prächtiger Sternhaufen. Viele Sterne in diesem Haufen sind Doppel- oder Dreifachsterne.

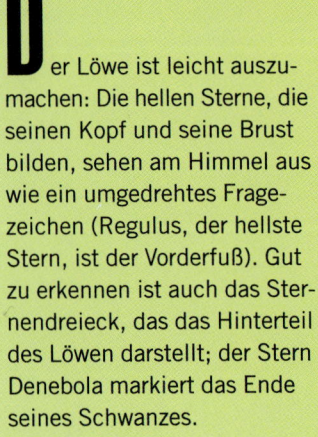

Der Löwe

Der Sage nach war der Löwe unverwundbar. Herakles konnte ihn aber töten, indem er ihn erwürgte. Doch selbst im Tod erschien er noch so majestätisch, dass die Götter ihn an den Himmel versetzten.

Der Löwe ist leicht auszumachen: Die hellen Sterne, die seinen Kopf und seine Brust bilden, sehen am Himmel aus wie ein umgedrehtes Fragezeichen (Regulus, der hellste Stern, ist der Vorderfuß). Gut zu erkennen ist auch das Sternendreieck, das das Hinterteil des Löwen darstellt; der Stern Denebola markiert das Ende seines Schwanzes.

Der Löwe und der Bärenhüter

Um die Sternbilder des Frühlingshimmels zu erkennen, solltest du zuerst den Großen Wagen suchen; er müsste sich direkt über dir befinden. Wenn du vom „Kochtopf" den Blick nach unten lenkst, gelangst du zum Löwen, der hoch am Himmel steht. Jetzt folgst du dem Schwanz des Löwen nach links (nach Südosten) und siehst Spica, den hellsten Stern im Sternbild der Jungfrau.

Doch Spica ist nicht der hellste Stern am Frühlingshimmel; um diesen zu finden, folge der Krümmung der Deichsel des Großen Wagens. Dann triffst du auf den hellen Arktur im Sternbild Bärenhüter (Bootes).

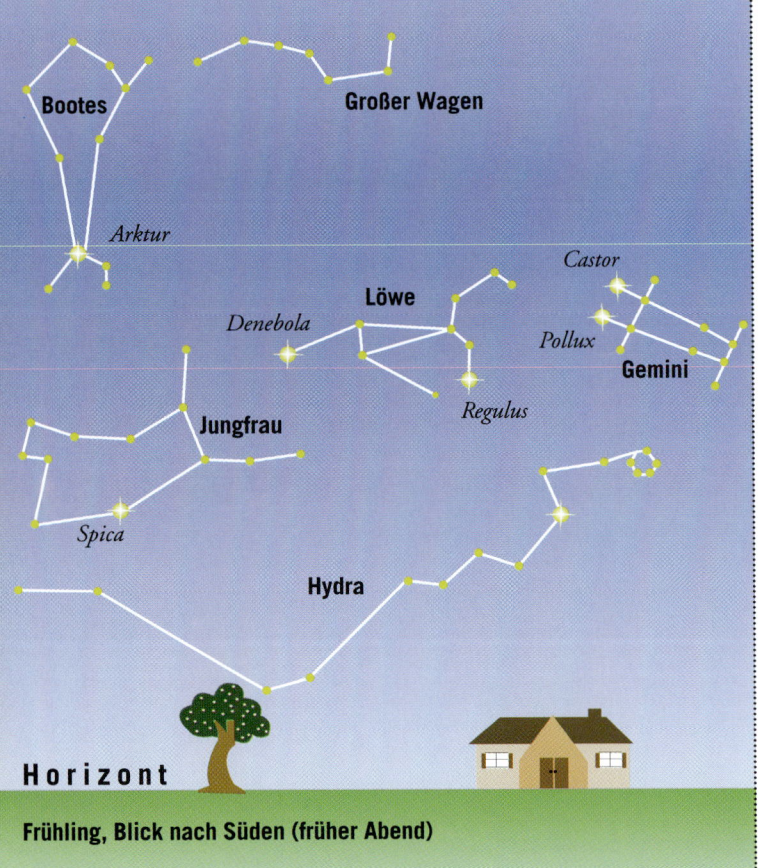

Frühling, Blick nach Süden (früher Abend)

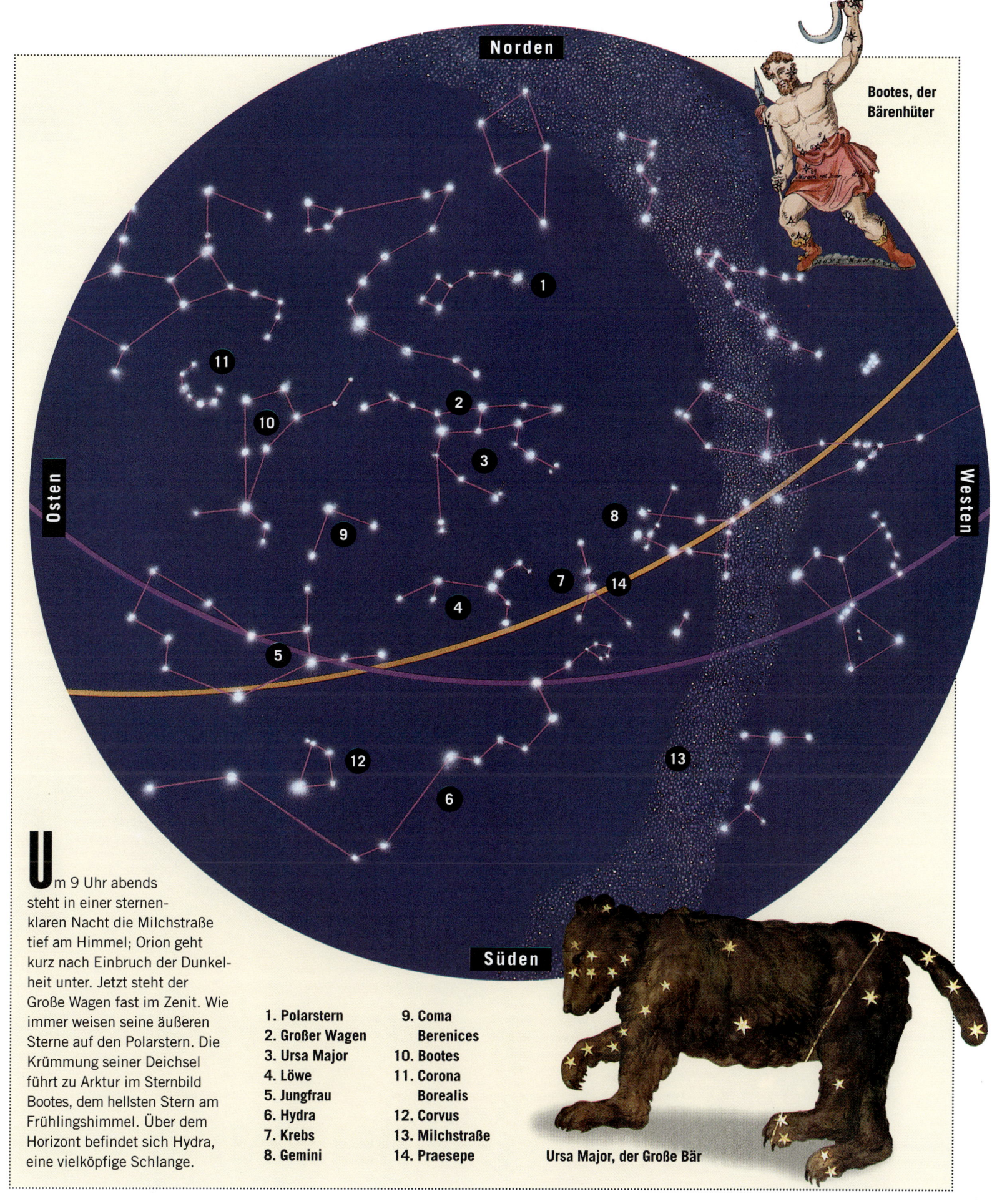

Norden

Osten

Westen

Süden

Bootes, der Bärenhüter

Ursa Major, der Große Bär

Um 9 Uhr abends
steht in einer sternen-
klaren Nacht die Milchstraße
tief am Himmel; Orion geht
kurz nach Einbruch der Dunkel-
heit unter. Jetzt steht der
Große Wagen fast im Zenit. Wie
immer weisen seine äußeren
Sterne auf den Polarstern. Die
Krümmung seiner Deichsel
führt zu Arktur im Sternbild
Bootes, dem hellsten Stern am
Frühlingshimmel. Über dem
Horizont befindet sich Hydra,
eine vielköpfige Schlange.

1. Polarstern
2. Großer Wagen
3. Ursa Major
4. Löwe
5. Jungfrau
6. Hydra
7. Krebs
8. Gemini
9. Coma Berenices
10. Bootes
11. Corona Borealis
12. Corvus
13. Milchstraße
14. Praesepe

Sternbilder des Sommers

A m Himmel findet eine niemals endende Jagd statt. Gegen Ende des Frühlings verschwindet der Himmelsjäger Orion im Westen – gefolgt vom Skorpion, der im Osten erscheint.

Einer weiteren Sage zufolge hatte sich Orion gerühmt, alle Tiere auf Erden erlegen zu können. Das erzürnte die Erdgöttin Gaia, die einen riesigen Skorpion gegen ihn aussandte. Das Tier tötete den Jäger mit einem Stich in die Ferse. Die Götter gaben beiden einen Platz am Himmel – aber auf verschiedenen Seiten, um sie von weiteren Kämpfen abzuhalten.

Der leuchtendste **Stern** am Sommerhimmel ist Wega im **Sternbild** der Leier. Schwerer zu finden ist der Herkules. In ihm liegt M 13, ein heller Kugelsternhaufen, der mindestens eine Million Sterne enthält.

Der Skorpion

D er Skorpion ist ein Sternbild des Südhimmels. Bei uns ist er im Sommer über dem Horizont zu erkennen, und zwar in den Stunden zwischen Sonnenuntergang und Mitternacht. Wenn du etwa 47 Grad nördlicher Breite wohnst, werden dir Teile des Schwanzes verborgen bleiben; lebst du aber nördlich von 52 Grad nördlicher Breite, wirst du das Sternbild nicht sehen können. Neben seiner unverwechselbaren Form *(links)* ist dieses Sternbild auch für sein Herz bekannt, den Roten Riesen Antares, der den etwa 285fachen Durchmesser unserer Sonne hat.

Herkules, eine Krone und ein Skorpion

D ie Sternbilder des Sommers weisen weniger helle Sterne auf als die im Frühling. Das warme Wetter lässt dir aber viel Zeit, den Himmel mit Muße zu betrachten. Blicke nach Süden und suche die drei hellen Sterne Atair, Deneb und Wega. Sie stellen das Sommerdreieck dar. Wenn dein Blick dich von der Wega aus fast genau in westliche Richtung führt, findest du im Sternbild Bootes den hellen Stern Arktur. Etwas östlich davon befindet sich das Sternbild Nördliche Krone (Corona Borealis), ein Halbkreis aus sieben Sternen. Herkules ist nicht gut zu erkennen, deshalb solltest du erst nach den vier helleren Sternen suchen, die seinen Rumpf bilden. Weit unterhalb des Herkules ist am Horizont der Skorpion zu sehen.

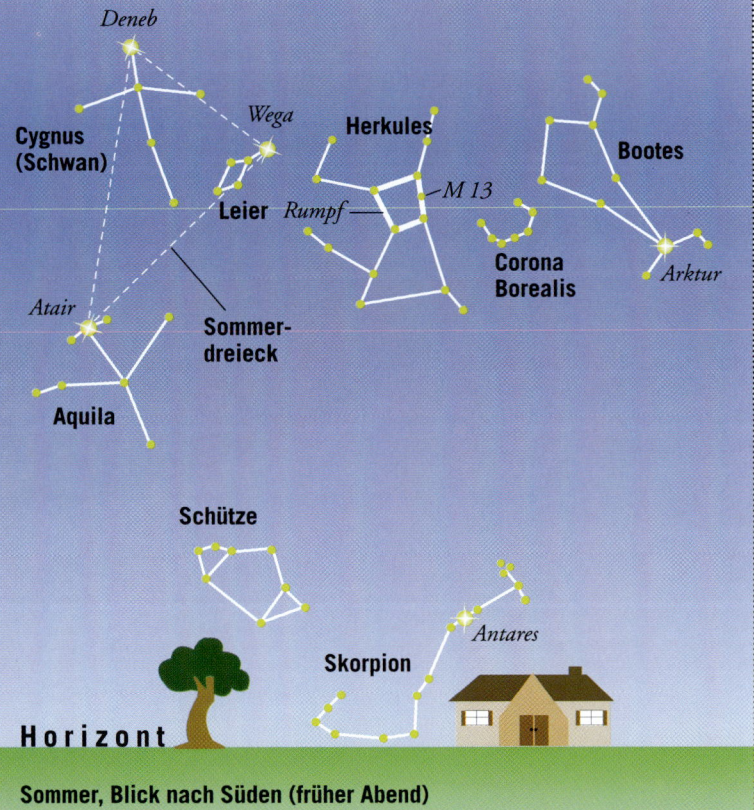

Sommer, Blick nach Süden (früher Abend)

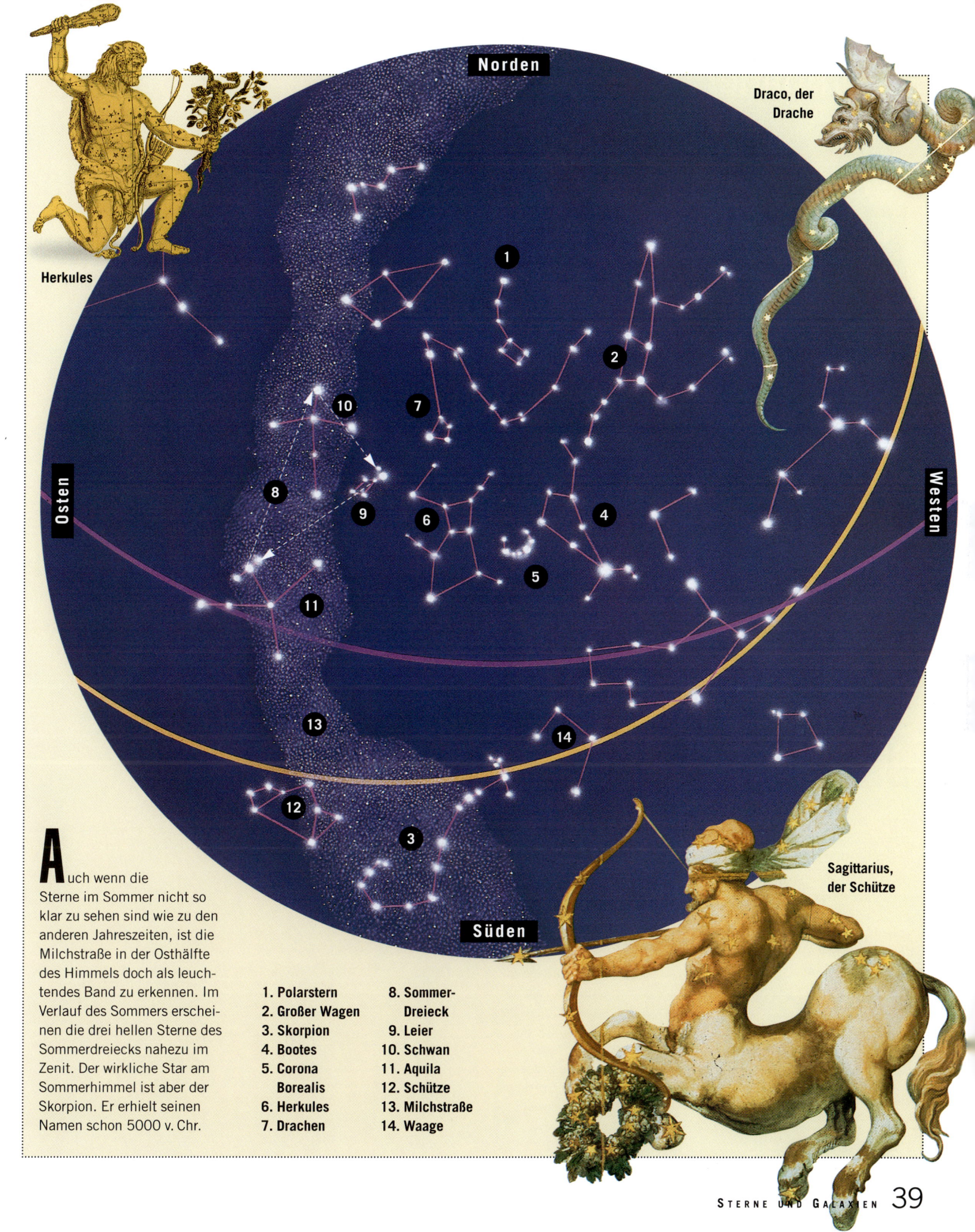

Norden

Draco, der Drache

Herkules

Osten

Westen

Süden

Sagittarius, der Schütze

Auch wenn die Sterne im Sommer nicht so klar zu sehen sind wie zu den anderen Jahreszeiten, ist die Milchstraße in der Osthälfte des Himmels doch als leuchtendes Band zu erkennen. Im Verlauf des Sommers erscheinen die drei hellen Sterne des Sommerdreiecks nahezu im Zenit. Der wirkliche Star am Sommerhimmel ist aber der Skorpion. Er erhielt seinen Namen schon 5000 v. Chr.

1. Polarstern
2. Großer Wagen
3. Skorpion
4. Bootes
5. Corona Borealis
6. Herkules
7. Drachen

8. Sommer-Dreieck
9. Leier
10. Schwan
11. Aquila
12. Schütze
13. Milchstraße
14. Waage

Sternbilder des Herbstes

Pegasus, das geflügelte Pferd aus der griechischen Mythologie, spielt im Herbst die Hauptrolle. Dieses Sternbild ist nicht leicht zu erkennen, weil es auf dem Kopf steht. Du solltest zuerst vier helle **Sterne** suchen, die ein Viereck bilden, das Pegasus-Viereck. In der Nähe von Pegasus befindet sich das **Sternbild** Andromeda. In diesem Sternbild liegt auch M 31, der Andromedanebel. Das ist eine Spiralgalaxie, die beinahe ein Ebenbild unserer Milchstraße ist.

Wenn du im Herbst den Himmel betrachtest, könntest du glauben, dass du dich im Wasser befindest: Zu sehen sind unter anderem die Sternbilder Fische, Wassermann und Walfisch. Im Schwanz des Walfischs leuchtet Mira, ein veränderlicher Stern; Mira verändert scheinbar periodisch seine Helligkeit. Das Sommerdreieck mit den hellen Sternen Wega, Deneb und Atair ist am westlichen Himmel noch immer zu sehen.

Ein Pferd, das fliegt, und ein Steinbock

Im Herbst ist am Nachthimmel der helle rötliche Stern Fomalhaut über dem südlichen Horizont zu sehen, allerdings nicht in Skandinavien, Deutschland oder anderen Ländern nördlicher Breiten. Über Fomalhaut befindet sich Pegasus, westlich davon Capricornus, der Steinbock.

Im Herbst ist das Betrachten des Sternenhimmels besonders interessant, weil du mit bloßem Auge eine 2,2 Millionen **Lichtjahre** entfernte **Galaxie** erkennen kannst! Es handelt sich dabei um M 31, den Andromedanebel, der im Sternbild Andromeda als verwaschener Lichtfleck auszumachen ist.

Pegasus, das geflügelte Pferd

Der Sage nach war Pegasus *(unten)* ein geflügeltes Pferd, das Blitze auf den Olymp getragen haben soll. Der Pegasus des Herbsthimmels *(rechts)* ist nicht leicht zu erkennen, weil er auf dem Kopf „fliegt". Der helle, weiße Stern Markab (arabisch für „Sattel") bildet die untere rechte Ecke des Pegasus-Vierecks.

Der griechischen Sage zufolge ist Pegasus dem Leib der Medusa entsprungen, einer der Gorgonen, deren Anblick versteinernd wirkte. Pegasus aber war eine Kraft des Guten; er soll durch Hufschlag eine – den Musen geweihte – Quelle geschaffen haben.

Herbst, Blick nach Süden (früher Abend)

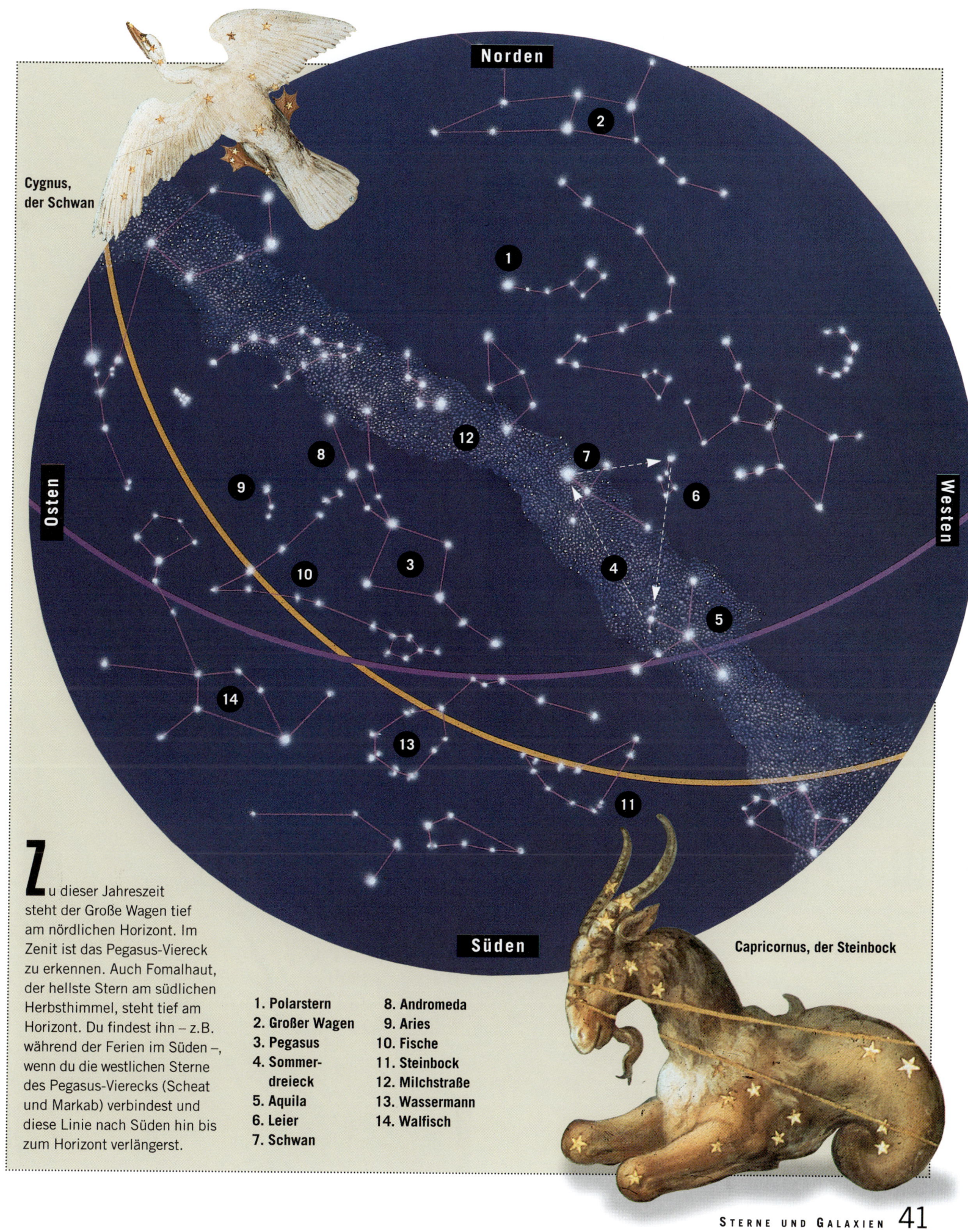

Norden

Cygnus,
der Schwan

Osten

Westen

Süden

Capricornus, der Steinbock

Zu dieser Jahreszeit
steht der Große Wagen tief
am nördlichen Horizont. Im
Zenit ist das Pegasus-Viereck
zu erkennen. Auch Fomalhaut,
der hellste Stern am südlichen
Herbsthimmel, steht tief am
Horizont. Du findest ihn – z.B.
während der Ferien im Süden –,
wenn du die westlichen Sterne
des Pegasus-Vierecks (Scheat
und Markab) verbindest und
diese Linie nach Süden hin bis
zum Horizont verlängerst.

1. Polarstern
2. Großer Wagen
3. Pegasus
4. Sommer-
   dreieck
5. Aquila
6. Leier
7. Schwan

8. Andromeda
9. Aries
10. Fische
11. Steinbock
12. Milchstraße
13. Wassermann
14. Walfisch

Was ist das Sonnensystem

Das **Sonnensystem** besteht aus den Planeten und anderen Himmelskörpern, die in der Milchstraße, unserer „Heimatgalaxie", um einen mittelgroßen Stern kreisen. Auf das **Universum** insgesamt bezogen handelt es sich dabei um einen winzigen Flecken. Wäre das Universum ein endloser Strand, würde unser Sonnensystem ein einziges Sandkorn darstellen.

Das Sonnensystem besteht aus einem **Stern** (die Sonne), neun **Planeten,** 63 **Monden** (nach neuester Zählung) und einer großen Zahl von **Planetoiden, Kometen** und **Meteoriten.** Zwischen all diesen Himmelskörpern befinden sich unzählige Gas- und Staubteilchen, die interplanetare Materie. Der Staub entstammt unter anderem den Kometen, Planetoiden und Meteoriten, das Gas zum großen Teil dem **Sonnenwind.**

Die Sonne stellt das Zentrum unseres Sonnensystems dar. Ihre hohe **Gravitation** hält die Planeten auf ihrer Bahn. Die Sonne (und mit ihr das gesamte Sonnensystem) eilt mit einer Geschwindigkeit von 20 km pro Sekunde durch das Weltall. Somit ist sie um ein Vielfaches schneller als eine Gewehrkugel!

Gibt es andere Sonnensysteme?

Vermutlich ja! Viele Sterne sind der Sonne ähnlich und dürften Planeten haben. Diese sind aber selbst durch die stärksten Teleskope nicht sichtbar; sie werden von ihren Zentralgestirnen überstrahlt. Bei verschiedenen Sternen lassen sich aber Helligkeitsschwankungen beobachten, die auf die Existenz von Planeten hindeuten. Ein Stern, der Protoplaneten aufweisen könnte, ist der etwa 50 Lichtjahre entfernte Beta Pictoris (rechts).

Woher kommt der Name?

Planet

Das Wort „Planet" kommt vom griechischen Wort „planetes", was „die Umherschweifenden" bedeutet. Schon früh haben Menschen festgestellt, dass die Planeten nicht in einer Sternkonstellation „stehen", sondern eigenen Bahnen folgen und zu verschiedenen Zeiten des Jahres an verschiedenen Stellen des Himmels zu sehen waren. Es galt als böses Omen, wenn zwei oder mehr Planeten beieinander standen, so wie es hier zu sehen ist von Venus (oben), Jupiter (unter dem Mond) und Merkur (in den Bäumen).

Wie **groß**?

Sonnensystem

Die Entfernungen im Sonnensystem werden in **Astronomischen Einheiten (AE)** gemessen. Eine AE ist der mittlere Abstand der Erde von der Sonne – fast 150 Million km. Der Abstand des Pluto zur Sonne beträgt 40 AE. Doch Pluto markiert noch nicht das Ende des Sonnensystems.

Sonne

Oortsche Wolke

In einer Entfernung von 20 000 bis 70 000 AE von der Sonne wird die **Oortsche Wolke** vermutet, die wahre Grenze des Sonnensystems.

Die neun Planeten

Zu unserem Sonnensystem gehören neun Planeten. Der sonnennächste Planet ist Merkur, dann folgen Venus, Erde, Mars, Jupiter, Saturn, Uranus, Neptun und Pluto. Die Planeten ziehen ihre Bahn auf der ungefähr gleichen Ebene wie die Erde. Die Bahnen weisen eine **elliptische** Form auf, die beim Pluto am stärksten ausgeprägt ist. Zeitweise ist dieser Planet (dessen Umlauf um die Sonne 247,7 Erdenjahre dauert) näher an der Sonne als der benachbarte Neptun.

Wie entstand das Sonnensystem?

Am Anfang war unser **Sonnensystem** eine Wolke aus kosmischem **Staub** und **Gas** in den äußeren Regionen der Milchstraße. Vor etwa 4,6 Milliarden Jahren könnte diese Wolke von der Schockwelle eines explodieren **Sterns** erfasst worden sein, wodurch sie zu einer flachen, rotierenden Scheibe wurde. Die Wolke zog sich dann zusammen; Staub und Gase bildeten im Zentrum einen dichten und unvor- stellbar heißen **Kern.** Schließlich wurde die Hitze so groß, dass die Kernfusion einsetzte – unsere Sonne war geboren! Aus den Überresten der Wolke entstanden dann die neun **Planeten** sowie die **Planetoiden** und **Kometen.**

Der Kern der Wolke wurde so heiß, dass er sich entzündete. Ein Stern war geboren – unsere Sonne. Der **Sonnenwind** hat den Staub und die Gase um die neuen Planeten weggeblasen. Ein schmaler Ring, der unseren Planeten umgab *(unten)*, wurde mit der Zeit von ihm absorbiert.

4

3

Die Staubteilchen der Wolke zögen sich zu Gesteinsbrocken zu- sammen; einige wurden mehrere Kilometer groß. Die größten waren die Planetesimale – die Bausteine der Planeten. Durch die **Gravita- tion** angezogen, kollidierten sie und bildeten größere Körper. Im Lauf der Jahrmillionen entstan- den so die inneren Planeten. In größerer Entfernung von der Sonne konnten sich auch die Gase zusammenziehen und die vier Gasriesen bilden.

1

Vor Jahrmilliarden ist in der Milchstraße ein großer Stern explodiert *(oben links)*. Nach mehreren zehntausend Jahren erreichte die Schockwelle dieser **Supernova** eine Wolke aus Staub und Gasen *(oben rechts)*. Dadurch begann sich diese Wolke zusammen-zuziehen und zu rotieren.

2

Dann wurden Staub und Gase durch die Gravitation ins Zentrum der Wolke gezogen. Der Kern verdichtete sich und wurde heißer. Im Lauf der Zeit flachte sich die Wolke ab und nahm die Form einer Scheibe an. Der größte Durchmesser dieser Scheibe betrug etwa 14 Millionen km.

Zum Vergleich

Gestein und Gas

Als unsere Planeten entstanden, war die Sonne so heiß, dass in ihrer Nähe kein Eis existieren konnte. Die Planetesimale, die zu den inneren Planeten wurden *(oben rechts)*, bestanden aus Gestein, die in größerer Entfernung dagegen aus Eis. Letztere bildeten die äußeren Planeten. Die Gase, die die inneren Planeten umgaben, wurden vom Sonnenwind fortgeweht. Die Riesenplaneten waren dagegen weit genug entfernt, um ihre Gashülle zu behalten *(unten rechts)*.

Sonnensystem unter der Lupe

Zum Vergleich

Planetengröße

Die **Planeten** des **Sonnensystems** lassen sich nach ihrer Größe in zwei Gruppen einteilen: in normale und in Riesenplaneten. Zur ersten Gruppe zählen die vier inneren Planeten – Merkur, Venus, Erde und Mars – sowie Pluto, zur zweiten die vier Gasriesen – Jupiter, Saturn, Uranus und Neptun. Jupiter ist der größte Planet; in ihm würde die Erde 1400-mal Platz finden. Aber im Vergleich zur Sonne sind alle Planeten winzig. Wir können uns das so vorstellen: Wenn die Sonne ein Fußball wäre, wäre die Erde ein Stecknadelkopf; der Jupiter hätte die Größe einer Münze.

Kurz-INFO

Größter Planet Jupiter, mit einem Durchmesser von 142 800 km

Kleinster Planet Pluto, mit einem Durchmesser von 2 285 km

Dichtester Planet Erde, mit der etwa 5,5fachen Dichte von Wasser

Leichtester Planet Saturn, mit einer etwa 0,68fachen Dichte von Wasser; ($\frac{1}{8}$ der Dichte der Erde)

Schnellster Planet Merkur, der mit einer Geschwindigkeit von 172 800 km/h um die Sonne kreist

Planet mit den meisten Monden Saturn (18, vielleicht noch mehr)

Planet mit dem längsten Tag Venus, mit 243 Erdentagen

Planet mit dem kürzesten Tag Jupiter, mit 9,84 Erdenstunden

Planet mit dem höchsten Vulkan Mars, mit dem Olympus Mons, der eine Höhe von fast 27 km erreicht

Heißester Planet Venus, mit einer durchschnittlichen Oberflächentemperatur von 480 °C

Kältester Planet Pluto, mit einer durchschnittlichen Oberflächentemperatur von −230 °C

Größter Planetoid Ceres, mit einem Durchmesser von 1023 km

Nächster Stern Proxima Centauri, etwa 4,27 Lichtjahre entfernt

Versuch's mal!

Damit du dir die Entfernungen zwischen den Planeten vorstellen kannst, solltest du folgendes versuchen: Du brauchst zehn Personen, ein Maßband und eine freie Fläche von mindestens 31 m Länge. Die zehn Personen sollen die Sonne und die neun Planeten darstellen. Die Sonne kommt an das eine Ende des Platzes. Dann werden die Planeten entsprechend den Maßangaben auf der nächsten Seite aufgestellt. 1 m soll dabei 187 Millionen km ausdrücken. Von der Sonne aus gesehen haben die Planeten die folgende Reihenfolge: Merkur, Venus, Erde, Mars, Jupiter, Saturn, Uranus, Neptun und Pluto.

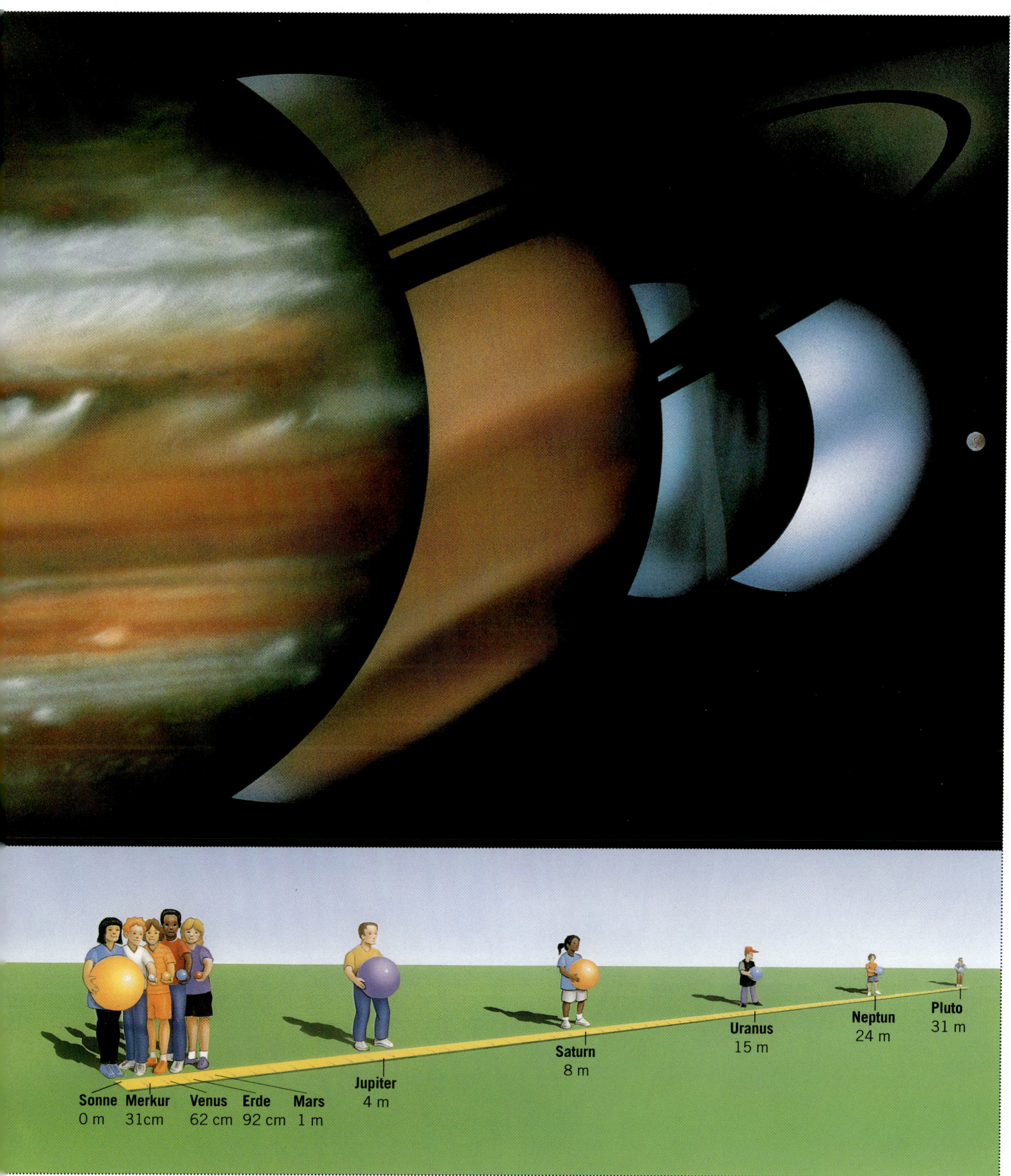

Sonne
0 m

Merkur
31cm

Venus
62 cm

Erde
92 cm

Mars
1 m

Jupiter
4 m

Saturn
8 m

Uranus
15 m

Neptun
24 m

Pluto
31 m

Die Sonne Unser Stern

Unsere Sonne ist ein ganz normaler **Stern.** Sie ist weder besonders groß, noch besonders heiß. Für uns auf der Erde hat sie die genau richtige Größe und Temperatur. Würde sie wesentlich größer sein, wäre sie schon längst explodiert. Und wenn sie wesentlich kleiner ausfallen würde, wäre sie nicht warm genug, um Leben auf der Erde zu ermöglichen.

Die Hitze und das Licht (die **Energie**) werden im **Kern** der Sonne durch **Kernfusion** erzeugt, und zwar in Form von winzigen **Photonen.** Diese Photonen brauchen bis zu zehn Millionen Jahre, um an die Oberfläche der Sonne zu gelangen, erreichen dann aber in etwa acht Minuten die Erde. Stell dir einmal vor: Das Sonnenlicht, das du jetzt siehst, wurde vor zehn Millionen Jahren erzeugt!

Blicke nie direkt in die Sonne!

Korona

Die **Korona,** ein Halo aus superheißen Gasen, ist die äußerste Schicht der Sonnenatmosphäre. Sie hat eine Tiefe von mehreren Millionen km und verändert laufend ihre Form.

Chromosphäre

In dieser Schicht der Sonnenatmosphäre finden viele Sonnenaktivitäten statt. Feurige Gasströme, die Spikulen, schießen bis in 10 000 km Höhe auf; es kommt auch zu starken Energieausbrüchen, und strahlend helle Protuberanzen erheben sich über die Sonne.

Strahlungszone

Die Photonen aus dem Sonnenkern müssen auf ihrem Weg eine dicke Schicht aus kühleren Gasen durchdringen, die Strahlungszone, in der sie wie kleine Bälle hin- und hergestoßen werden. Sie können sich immer nur den Bruchteil eines Zentimeters bewegen, bevor sie wieder auf ein Gasatom treffen und abgestoßen werden. So ist es kein Wunder, dass das Licht Millionen von Jahren bis an die Oberfläche benötigt!

Kurz-INFO

- **Temperatur** 5500 °C an der Oberfläche; 15 000 000 °C im Sonnenkern

- **Durchmesser** 1 392 520 km, das ist der 109fache Durchmesser der Erde

- **Masse** 2 Millionen Billionen Billionen kg, das ist die 330 000-fache Masse der Erde; Die Sonne enthält 99,9 Prozent der gesamten Masse unseres Sonnensystems

- **Gravitation** 27,9mal höher als auf der Erde; ein 65 kg schwerer Mensch würde auf der Sonne 1813,5 kg wiegen

- **Leuchtkraft** 390 000 000 000 Milliarden Megawatt, das entspricht 90 Milliarden 1-Megatonnen-Wasserstoffbomben pro Sekunde; die Sonne ist 600 000-mal heller als der Vollmond

- **Dichte** 0,26-mal die Dichte der Erde

- **Rotationsdauer** Etwa 27 Erdentage am Äquator

Sonnenfinsternis

Sonnenlicht

Mond

Halbschatten

Kernschatten

Auf seiner Reise um die Erde steht der **Mond** gelegentlich genau zwischen uns und der Sonne. Dann fällt der Mondschatten auf die Erde, und es kommt zu einer **Sonnenfinsternis.** Die Art der Finsternis hängt jeweils vom Standort des Betrachters ab. Im Halbschatten des Mondes herrscht nur eine partielle (teilweise) Finsternis. Wenn du dich aber in einer Region im Kernschatten des Mondes befindest, kannst du eine totale Sonnenfinsternis beobachten.

Während einer totalen Sonnenfinsternis verdeckt der Mond die Sonnenscheibe. Dann können wir nur die Protuberanzen der Chromosphäre und die Gasströme der **Korona** erkennen, den geisterhaften Halo aus Gasen, der die äußere Schicht der Sonne bildet.

Furcht

Früher haben die Menschen eine Sonnenfinsternis gefürchtet. Die Chinesen dachten, ein Drache würde die Sonne verschlingen wollen. Mit lautem Getöse versuchten sie daher, den Drachen zu vertreiben. 585 v. Chr. soll eine Sonnenfinsternis den fünfjährigen Krieg zwischen Medern und Lydern beendet haben. Die Finsternis trat während einer Schlacht auf. Als sich die Sonne verdunkelte, beendeten die Krieger die Kämpfe (oben) und schlossen Frieden.

Photosphäre

Sie ist die leuchtende Oberfläche der Sonne und von der Erde aus direkt zu beobachten, weil die darüber liegenden Schichten durchsichtig sind. Aus der Nähe betrachtet hat die Photosphäre eine körnig wirkende Struktur, weil sie von Granulen bedeckt ist. Das sind Zellen aufsteigenden heißen Gases, das nach Abkühlung wieder absinkt. In diesen Zellen steigt die Sonnenenergie an die Oberfläche.

Granulen

Spikulen

Protuberanzen

Sonnenkern

Der Sonnenkern ist ein gigantischer nuklearer Ofen. Durch die Kernfusion werden in jeder Sekunde 700 Millionen Tonnen Wasserstoff in Helium umgewandelt. Das ist, als ob in jeder Sekunde 90 Milliarden 1-Megatonnen-Wasserstoffbomben explodierten! Pro Sekunde werden auch 5 Millionen Tonnen Materie in Energie umgewandelt.

Konvektionszonen

In den Konvektionszonen steigt heißes Gas an die Oberfläche der Sonne, kühlt ab, sinkt wieder nach unten, wird erwärmt und steigt wieder auf – und all dies mit enormer Geschwindigkeit.

Sonnenflecken

Flare

Magnetischer Dynamo

Drehung der Sonne

Wie die Erde und die meisten anderen Planeten im **Sonnensystem** ist die Sonne ein gewaltiger Magnet. Ihr Magnetfeld verläuft zwischen ihrem Nord- und Südpol. Weil die Sonne aber aus **Gas** besteht (anders als die feste Erde), weist sie eine eigentümliche Rotation auf; so unterscheiden sich ihre **Magnetfeldlinien** von denen auf der Erde erheblich.

Am Äquator rotiert die Sonne schneller (in etwa 27 Erdentagen) als an den Polen (in etwa 34 Tagen). Wenn die Magnetfeldlinien den Äquator überqueren, werden sie in Rotationsrichtung gedrückt und verschieben sich seitlich. Gleichzeitig heben und senken sich diese Linien mit den heißen Gasströmen. So entstehen die charakteristisch verschlungenen magnetischen Bänder.

Die Unregelmäßigkeiten des Magnetfelds verursachen die **Sonnenflecken** und setzen durch Protuberanzen und andere Eruptionen **Energie** frei. Diese Aktivitäten auf der Sonnenoberfläche kommen schließlich zum Erliegen, und das Magnetfeld hat sich wieder „normalisiert". Doch dann beginnt der gesamte Vorgang wieder von neuem.

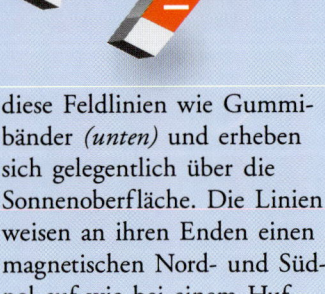

Durch Beobachtung der Sonnenflecken haben Wissenschaftler herausgefunden, dass die Rotation der Sonne am Äquator um etwa sieben Tage schneller verläuft als an den Polen. Diese ungleiche Rotation hat einen großen Einfluss auf das Magnetfeld der Sonne und verursacht Sonnenflecken sowie starke Eruptionen.

Magnetfeld

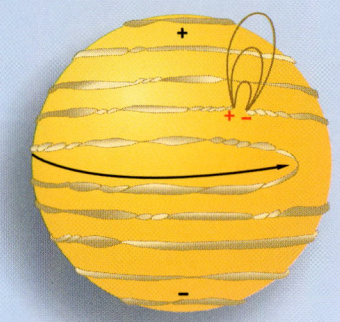

diese Feldlinien wie Gummibänder *(unten)* und erheben sich gelegentlich über die Sonnenoberfläche. Die Linien weisen an ihren Enden einen magnetischen Nord- und Südpol auf wie bei einem Hufeisenmagneten.

Durch die ungleiche **Rotation** der Sonne kommt es zu Verzerrungen in ihrem Magnetfeld *(oben)*. Am Sonnenäquator werden die Feldlinien in Rotationsrichtung gedrückt, weil die Drehung hier schneller verläuft als an den Polen. Mit der Zeit verschlingen sich

Sonnenkult

In vielen alten Kulturen wurde die Sonne verehrt. In Ägypten hieß der Sonnengott Re, der in dieser 3000 Jahre alten Skulptur als blauer Käfer (Skarabäus) dargestellt ist. Er fährt mit seinem Boot durch das Schattenreich der Toten. Zu beiden Seiten Res sitzt der Mondgott Thot, um ihm auf seiner gefährlichen Reise beizustehen.

Sonnenflecken

Sonnenflecken (kühlere, dunklere Regionen der Sonnenoberfläche) können einen Durchmesser von einigen tausend bis zu 50 000 km aufweisen – etwa dem vierfachen Durchmesser der Erde. Häufig treten sie paarweise auf, und zwar an den beiden Enden einer über die Sonnenoberfläche hinausragenden Magnetfeldlinie. Sonnenflecken können Monate lang bestehen oder schon nach wenigen Tagen wieder verschwinden. Ihre Zahl schwankt in einem elfjährigen Zyklus. Zu Beginn eines Zyklus, im Minimum, gibt es fast keine Flecken *(unten)*. Im Maximum *(ganz unten)* hat das Magnetfeld der Sonne Dutzende großer Flecken hervorgerufen.

Sonnenflecken-Minimum

Sonnenflecken-Maximum

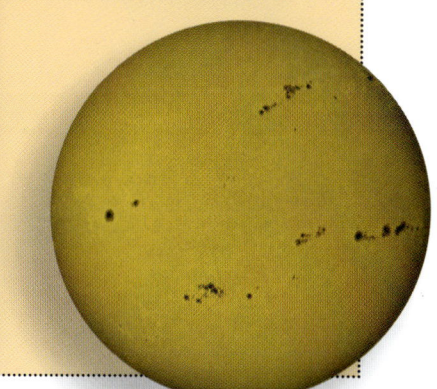

Protuberanzen

Manchmal reicht eine Magnetfeldlinie der Sonne weit in den Raum hinaus und reißt rotglühende Gase mit sich. Diese Eruptionen heißen Protuberanzen und können Geschwindigkeiten von bis zu 700 km/s erreichen. Die Loop-Protuberanz auf dieser Aufnahme reichte 400 000 km in den Weltraum – etwas mehr als die Entfernung zwischen Erde und **Mond.** Unsere Erde *(kleine Scheibe)* würde in diesen feurigen Bogen problemlos hineinpassen.

Was ist der Sonnenwind?

In gewisser Weise verdunstet die Sonne. Sie verliert ständig Gasteilchen, das **Plasma.** Diese Teilchen bilden im Weltraum den **Sonnenwind.** Das Plasma entweicht dort, wo die **Magnetfeldlinien** der Sonne in den Weltraum hinausführen. Der Sonnenwind kann im freien Raum enorme Geschwindigkeiten erreichen. Die schnellsten Winde werden auf Löcher in der **Korona** zurückgeführt (rechts). Wenn diese Winde auf die Erde treffen, können sie eine Geschwindigkeit von über 400 km pro Sekunde aufweisen!

Die Erde wird durch ihr Magnetfeld vor dem Sonnenwind geschützt. Die Teilchen, die trotzdem in die Erdatmosphäre eintreten, rufen Nordlichter (nächste Seite) und erdmagnetische Stürme hervor. Diese Stürme sind zwar nicht zu sehen, wirken sich aber auf den Funkverkehr aus.

Die koronalen Löcher geben pro Sekunde eine Million Tonnen Sonnenplasma ab. Seit die Sonne vor 4,6 Milliarden Jahren entstand, hat sie auf diese Weise bereits 0,1 Prozent ihrer Masse verloren.

Löchrige Korona!

Auf dieser Röntgenaufnahme sieht die Sonne aus, als würde sie einen markanten Fleck aufweisen. Tatsächlich handelt es sich dabei um ein Loch in der Korona, durch das Sonnenplasma emporgeschleudert und im Weltall zum Sonnenwind wird. Da dieses Loch zusammen mit der Sonne rotiert, werden die Plasmateilchen wie das Wasser aus einem Rasensprenger aufgefächert. Erreichen sie die Erde, kommt es in der Atmosphäre zu erdmagnetischen Stürmen.

Seltsam aber wahr!

Starker Sonnenwind

Am 10. März 1989 kam es auf der Erde zu einer Reihe seltsamer Erscheinungen. Für 24 Stunden waren viele Funkverbindungen im Kurzwellenbereich unterbrochen, ebenso der Kontakt zu einem Großteil der **Satelliten,** die die Erde umkreisen. In Montreal (Kanada) brach für neun Stunden weitgehend die Stromversorgung zusammen. An anderen Orten konnten die Menschen erstaunt beobachten, dass sich ihre automatischen Garagentore selbstständig öffneten bzw. schlossen.

Was war die Ursache? Ein extrem starker Sonnenwind. Am Tag zuvor hatte die Sonne eine gewaltige Menge Plasma ausgestoßen, welches nach Erreichen der Erde dann einen starken erdmagnetischen Sturm hervorrief. Dieser Sturm beeinträchtigte dann für kurze Zeit alle elektrischen Geräte und Funkverbindungen.

Plasma-Ausbruch

Bei einem starken Sonnenwind können mit einer Geschwindigkeit von mehr als 700 km pro Sekunde bis zu 100 Milliarden Tonnen Plasma ausgestoßen werden. Diese innerhalb von zwei Stunden aufgenommenen Bilder, zeigen die Entstehung eines starken Plasmaausbruchs.

Der Beginn eines Plasmaausbruchs geht sehr ruhig vonstatten. Das Plasma, hier als büschelartige Bänder zu erkennen, bewegt sich entlang den offenen Magnetfeldlinien.

Dann löst sich eine große Plasmawolke von der Oberfläche der Sonne. Durch die expandierenden Gase reichen die Magnetfeldlinien immer weiter in die Korona hinein.

Wenn die Plasmawolke weit genug hinaufreicht, öffnet sie das ausgewölbte Magnetfeld. Nun löst sich das Plasma von der Sonne und wird als Sonnenwind wie eine gigantische Seifenblase ins All getragen.

Was ist Polarlicht?

Leuchterscheinung

Wenn der Sonnenwind in Erdnähe gelangt, können die Plasmateilchen entlang den Magnetfeldlinien in die Polgebiete einfallen. Dabei treffen die Plasmateilchen auf **Atome** und Moleküle der oberen Atmosphäreschichten, wobei ein Teil ihrer Energie in Strahlung umgewandelt wird. Diese Strahlung ist als Polarlicht sichtbar. Polarlichter treten meist in der Nähe der Pole auf.

Merkur Der schnellste Planet

Merkur, nach der gleichnamigen römischen Gottheit *(unten)* benannt, ist der sonnennächste und auch der schnellste **Planet.** Seine Umlaufzeit um die Sonne beträgt 88 Tage, womit er das kürzeste „Jahr" im **Sonnensystem** aufweist. Merkur dreht sich sehr langsam um seine **Achse** – einmal in etwa 59 Tagen (die Erde benötigt 24 Stunden). Deshalb dauert ein Merkurtag extrem lange; die Sonne geht erst nach fast drei Erdenmonaten unter.

Merkur hat die stärksten Temperaturschwankungen aller Planeten. Am Tag kann die Temperatur auf mehr als 450 °C ansteigen – das ist heiß genug, um Blei zu schmelzen! Nachts sinkt sie dagegen auf unter –180 °C.

Merkur besitzt einen großen Eisenkern, der 80 Prozent der Masse des Planeten enthält und von Gesteinsschichten bedeckt ist. Seine Oberfläche ist mit **Kratern** übersät, wodurch sein Aussehen dem des irdischen Mondes ähnelt.

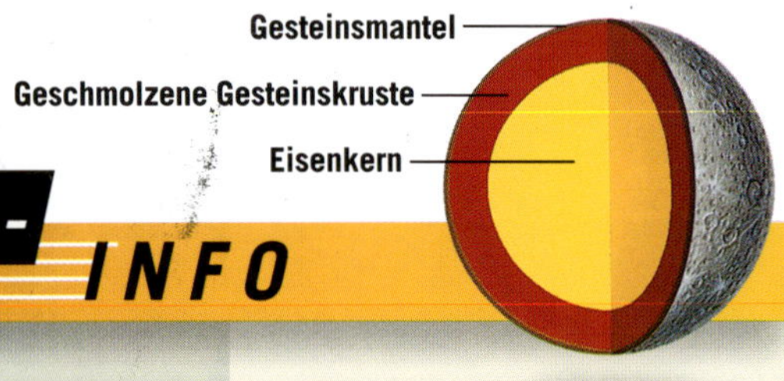

Gesteinsmantel
Geschmolzene Gesteinskruste
Eisenkern

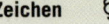

Kurz-INFO

Zeichen ☿

Lage Erster Planet von der Sonne

Mittlere Entfernung von der Sonne 57,9 Millionen km

Rotationsperiode 58,6 Erdentage

Umlaufzeit um die Sonne 88 Erdentage

Umlaufgeschwindigkeit etwa 172 800 km/h

Durchmesser 4878 km

Achsenneigung <3°

Masse Etwa 1/18 der Erde

Gravitation Etwa 2/5 der Erde; ein 50 kg schwerer Mensch würde auf dem Merkur 20 kg wiegen

Oberflächentemperatur Merkur weist die größten Temperaturunterschiede aller Planeten auf. Seine Oberflächentemperatur liegt zwischen –183 °C in der Nacht und 467 °C am Tag

Atmosphäre Extrem dünne Atmosphäre mit Spuren von Sauerstoff

Monde Keine

Ringe Keine

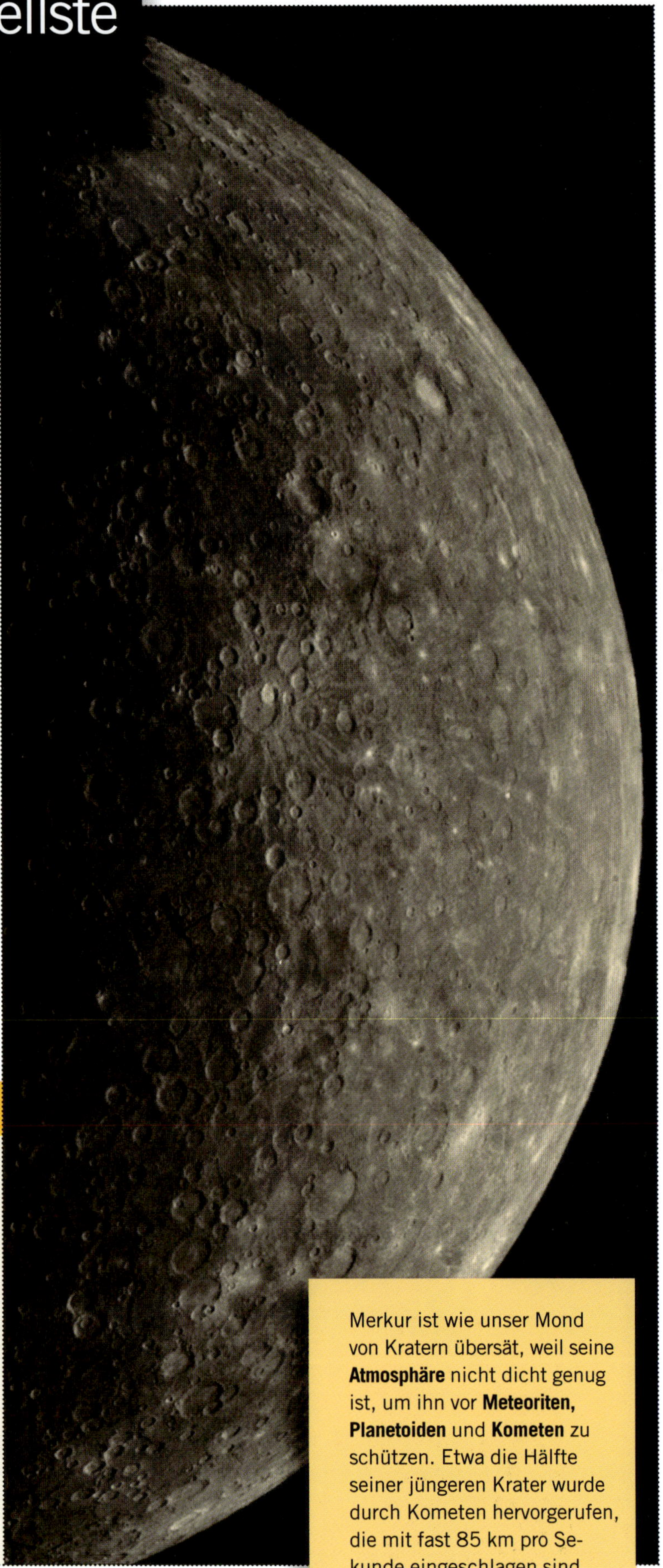

Merkur ist wie unser Mond von Kratern übersät, weil seine **Atmosphäre** nicht dicht genug ist, um ihn vor **Meteoriten, Planetoiden** und **Kometen** zu schützen. Etwa die Hälfte seiner jüngeren Krater wurde durch Kometen hervorgerufen, die mit fast 85 km pro Sekunde eingeschlagen sind.

- Calorisbecken
- Schockwellen
- Berge und Täler

Falten

Als Merkurs Eisenkern abkühlte, schrumpfte der Planet und seine Oberfläche wurde faltig – wie die Haut eines alten Apfels, der ausgetrocknet ist. Das führte zu den charakteristischen Bergrücken, die Teile der Oberfläche des Planeten überziehen.

Calorisbecken

Auf dem Foto links ist ein solcher Höhenzug zu erkennen; er hat eine Länge von 500 km und eine Höhe bis zu 2 km. Auf der Zeichnung durchzieht eine solche Formation einen Krater – was bedeutet, dass der Krater zuerst da war.

Einer der größten Krater im Sonnensystem ist das Calorisbecken auf dem Merkur. Es entstand, als ein großer Himmelskörper aufschlug *(oben)*. Der Aufprall war so stark, dass die Schockwellen durch den ganzen Planeten liefen. Auf der entgegengesetzten Seite des Merkur entstand durch diese Schockwellen eine Landschaft mit Bergen und Tälern.

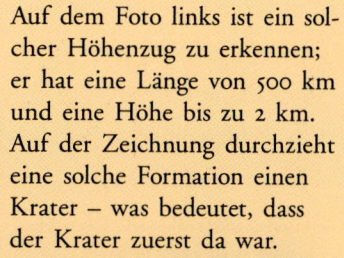

Wie sieht es **da aus ?**

Auf dem Merkur

Auf dem Merkur würde dir als Erstes vielleicht die absolute Stille auffallen. Du könntest einen Stein werfen oder rufen, würdest aber keinen Ton hören. Die Atmosphäre ist zu dünn, um Schall zu transportieren.

Sie ist auch zu dünn, um das Licht zu brechen, weshalb der Himmel auch am Tag schwarz ist. Die Sonne sieht aber dreimal größer aus als auf der Erde.

Venus Zwilling der Erde

Venus, der zweite **Planet** von der Sonne, wird manchmal als „Zwilling" der Erde bezeichnet, weil diese beiden Planeten eine ähnliche **Dichte** und Größe aufweisen. Die Venus hat auch eine **Atmosphäre.** Damit hört die Ähnlichkeit aber auch auf. Dieser Planet ist heiß, seine Atmosphäre besteht aus giftigen Gasen und der Luftdruck ist 90-mal höher als auf der Erde. Als die Raumsonde *Venera* 14 *(rechts)* 1982 auf der Venus landete, konnte sie nur 57 Minuten lang Bilder und Daten übermitteln, dann war sie zerstört.

Venus ist nach der gleichnamigen römischen Göttin der Liebe *(unten)* benannt. Von der Erde aus ist Venus eine strahlende Schönheit; nur der **Mond** scheint heller am Nachthimmel. Die Leuchtkraft dieses Planeten wird durch dicke Wolken hervorgerufen, die das Sonnenlicht reflektieren und die Wärme nicht entweichen lassen – ein Phänomen, das wir als Treibhauseffekt kennen; die Oberflächentemperatur liegt auch nachts bei 480 °C. Mit 243 Erdentagen ist ein Venustag sehr lang. Weil der Planet in 224,7 Erdentagen die Sonne umkreist, ist ihr Tag länger als ihr Jahr!

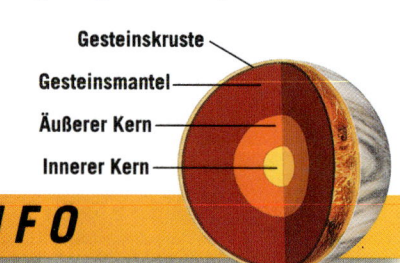

Gesteinskruste
Gesteinsmantel
Äußerer Kern
Innerer Kern

Kurz-INFO

Zeichen ♀	**Achsenneigung** etwa 3°
Lage Zweiter Planet von der Sonne	**Masse** Etwa 4/5 der Erde
Mittlere Entfernung von der Sonne 108,2 Millionen km	**Gravitation** Etwa 9/10 der Erde; ein 50 kg schwerer Mensch würde auf der Venus 45 kg wiegen
Rotationsperiode 243 Erdentage	**Oberflächentemperatur** Etwa 480 °C
Umlaufzeit um die Sonne 224,7 Erdentage	**Atmosphäre** Hauptsächlich Kohlendioxid
Umlaufgeschwindigkeit etwa 126 000 km/h	**Monde** Keine
Durchmesser 12 102 km	**Ringe** Keine

Während ihres Aufenthalts auf der Venus hat *Venera* 14 Fotos wie dieses *(unten)* zur Erde übermittelt. Zu erkennen ist eine lebensfeindliche Landschaft mit vulkanischen Gesteinsbrocken auf grobkörnigem Untergrund.

Wie sieht es da aus?

Auf der Venus

Auf der Venus würden dir als Erstes die große Hitze und der hohe Druck auffallen. Es ist dort so heiß, dass Blei schmelzen würde, und der Luftdruck ist so hoch wie auf der Erde der Wasserdruck in 1 km Tiefe.

Dieser Planet ist von einer geschlossenen gelblichen Wolkendecke umgeben, die ein feuriges Licht abstrahlt. In der dichten Atmosphäre wird das Sonnenlicht gebrochen, weshalb die Sonne von der Venus aus flach und oval aussieht.

OBERFLÄCHE

Dieses Bild ist eine Radaraufnahme. Es zeigt die Oberfläche der Venus, wie wir sie ohne die Wolkenschicht sehen würden.

WOLKEN

Die obere Wolkenschicht zieht schnell dahin. In 50 km Höhe weht der Wind mit mehreren 100 km/h – viel schneller als die meisten Stürme auf der Erde.

TOPOGRAPHIE

Auf dieser Karte werden durch Farben die höchsten (*bräunlich*) und niedrigsten (*blau*) Geländemerkmale dargestellt. Grün markiert die Regionen dazwischen.

Enthüllte Venus

Lange Zeit war der Blick auf die Oberfläche der Venus wegen der dichten Wolkenschicht versperrt. Wissenschaftler gingen davon aus, dass der Planet über ein feuchtes, tropisches Klima verfügen würde. Über die Oberflächenstruktur konnten sie nur Vermutungen anstellen. Durch Raumsonden weiß man heute, dass die Venus eine kochend heiße, unwirtliche Wüste darstellt. Ihre Oberfläche ist überwiegend flach. Es gibt allerdings auch einzelne Berge – und die können eine Höhe von bis zu 11 km haben!

Besondere Merkmale!

Spinnen und Pfannkuchen

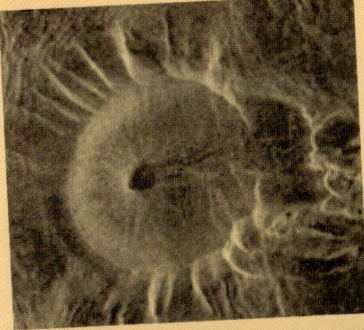

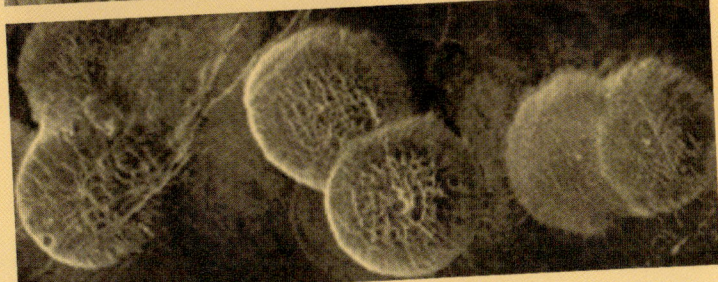

Venus mutet uns fremder an als alle anderen Planeten im **Sonnensystem.** Sie ist weniger gebirgig als die Erde. Es gibt aber auch Vulkane, von denen manche eine sehr ungewöhnliche Form aufweisen: Eine Gruppe von Vulkanen hat abgeflachte runde Kuppeln mit einem Durchmesser von jeweils etwa 25 km, die wie Pfannkuchen aussehen (*unten*); andere erinnern in ihrer Gestalt an riesige Spinnen (*links*).

Auf der Venus sind nur vereinzelt Meteoritenkrater zu erkennen – wohl weil der größte Teil der Planetenoberfläche zerstört worden ist und heute eine vulkanische Lavadecke aufweist. Die Oberfläche dürfte vergleichsweise jung sein – nur etwa 400 Millionen Jahre.

Erde Der blaue Planet

Die Erde ist der aktivste der Gesteinsplaneten im Sonnensystem. Ihre Oberfläche ist in steter Bewegung, was mit dem Geschehen im Innern des Planeten zu tun hat. In der Mitte der Erde ist ein fester **Kern** aus Eisen und Nickel, der von einem flüssigen äußeren Kern umgeben ist. Zwischen diesem und der Erdkruste befindet sich der **Mantel** – eine Schicht aus teilweise geschmolzenem Gestein. Die Erdkruste besteht aus großen tektonischen Platten, die auf dem Mantel „schwimmen". Wenn diese aufeinander zu- oder voneinander wegtreiben, kommt es zu Erdbeben, Vulkane brechen aus und Gebirge falten sich auf.

Die Erde hat weitere ganz spezifische Merkmale: Sie ist der einzige Planet mit viel flüssigem Wasser. Wasser hat beispielsweise die Navajo-Indianer veranlasst, ihre „Mutter Erde" in Blau darzustellen *(links)*. Die Erde hat auch eine schützende **Atmosphäre.** Aber das einzigartigste Merkmal ist das Leben, das es hier gibt.

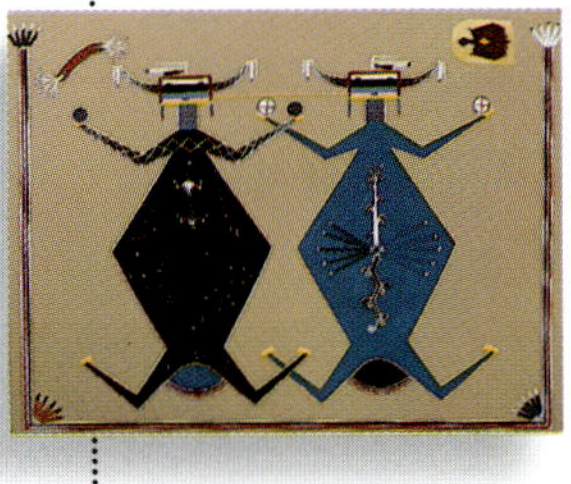

Sandmalerei der Navajo mit Mutter Erde und Vater Himmel.

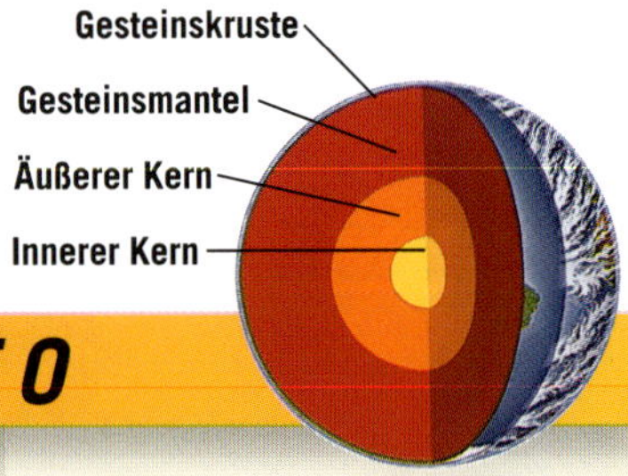

Gesteinskruste
Gesteinsmantel
Äußerer Kern
Innerer Kern

Die Erde wird auch der „blaue Planet" genannt. Den größten Teil der Erde nehmen die Ozeane ein. Aus dem Weltall sieht sie aus wie eine blaue Murmel mit grünen, braunen und weißen Wirbeln. Das lebensspendende Wasser auf unserem Planeten befindet sich in einem steten Kreislauf: Erwärmt durch die Sonne, verdunstet es, kondensiert zu Wolken und fällt als Regen auf die Erde, wo der Kreislauf wieder von neuem beginnt.

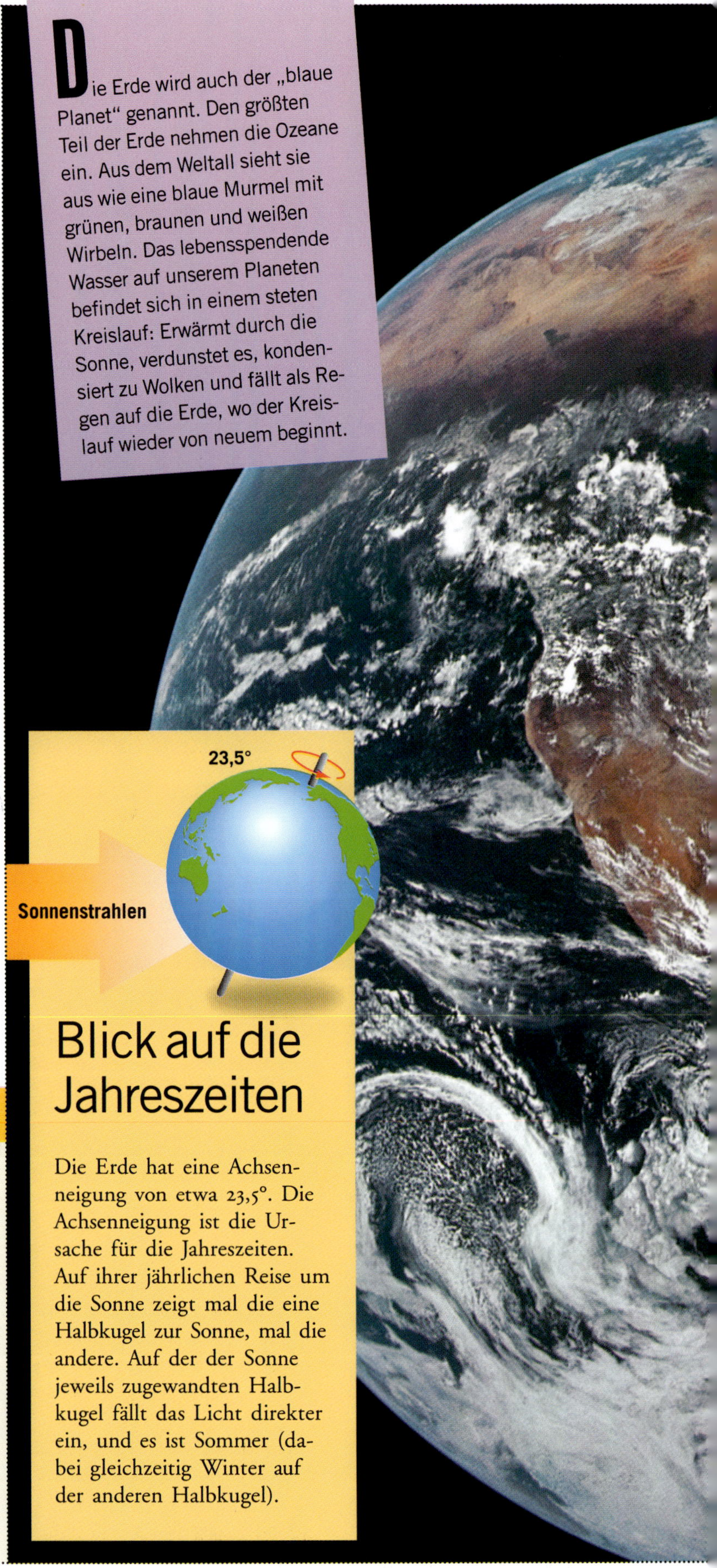

23,5°

Sonnenstrahlen

Blick auf die Jahreszeiten

Die Erde hat eine Achsenneigung von etwa 23,5°. Die Achsenneigung ist die Ursache für die Jahreszeiten. Auf ihrer jährlichen Reise um die Sonne zeigt mal die eine Halbkugel zur Sonne, mal die andere. Auf der der Sonne jeweils zugewandten Halbkugel fällt das Licht direkter ein, und es ist Sommer (dabei gleichzeitig Winter auf der anderen Halbkugel).

Große Veränderung!

Pangäa

Heute

Die Oberfläche der Erde verändert sich ständig. Vor nur 250 Millionen Jahren bildeten alle Kontinente eine große Landmasse, die Pangäa genannt wird. Dann sind die Teile dieser Landmassen auseinandergebrochen und nach und nach in ihre heutigen Positionen gedriftet. Und sie bewegen sich noch immer. Nordamerika und Europa z. B. entfernen sich pro Jahr um etwa 4 cm voneinander.

Auf der Erde sind auch die größten Gebirge nicht von Dauer. Durch Wind, Wasser und andere Kräfte werden sie mit der Zeit abgetragen.

Wann begann das Leben?

Die Erde ist vor etwa 4,6 Milliarden Jahren entstanden. Doch es dauerte noch über eine Milliarde Jahre, bis sich die ersten Lebensformen entwickelten. Das geschah vor etwa 3,5 Milliarden Jahren. Die Dinosaurier tauchten erst vor etwa 250 Millionen Jahren auf. Und die Menschen stehen am Ende der bisherigen Evolution des Lebens auf unserem Planeten! Die ersten modernen Menschen, genannt *Homo sapiens*, bevölkerten die Erde vor etwa 80 000 Jahren.

Erste Dinosaurier: 250 Millionen Jahre

Heute

Erste Lebensformen: 3,5 Milliarden Jahre

Entstehung der Erde: 4,6 Milliarden Jahre

Mond Satellit der Erde

Der **Mond** ist der nächste Nachbar der Erde und reist zusammen mit ihr seit mehr als vier Milliarden Jahren durch das Weltall. Während der Mond die Erde umkreist, wirkt seine **Gravitation** auf unseren Planeten. Das Ergebnis sind die Gezeiten, das regelmäßige Ansteigen und Absinken der Ozeane.

Anders als die Erde ist der Mond ein toter, lebensfeindlicher Ort. Er hat keine **Atmosphäre**. Die Temperatur steigt am Mondtag bis auf 130 °C und sinkt in der Mondnacht bis auf −160 °C.

Die Oberfläche des Mondes ist von **Kratern** bedeckt. Die meisten sind durch **Meteoriten, Planetoiden** und **Kometen** entstanden, einige auch durch Vulkanismus. Vor etwa 3,5 Milliarden Jahren sind die großen Senken von vulkanischer Lava überflutet worden. Wir erkennen sie von der Erde aus als die ausgeprägt dunklen Flecken. Auch wenn der Mond hell scheint – er leuchtet nicht von sich aus, sondern reflektiert lediglich das Licht der Sonne.

Die früheren Völker haben den Mond verehrt, auch die Römer. Ihre Mondgöttin hieß Diana *(links)*; die Römer glaubten, dass Diana mit einem zweirädrigen Wagen über den Nachthimmel zöge.

Die sichtbare Seite

Die der Erde zugewandte Seite des Mondes ist schon seit Jahrhunderten beobachtet worden. Früher hat man angenommen, dass die dunklen Regionen Meere seien. Tatsächlich handelt es sich hierbei aber um Senken, die mit erstarrter Lava gefüllt sind. Der große, helle Krater *(unten)* wird Tycho genannt.

Die Rückseite

1959 hat eine russische Raumsonde die ersten Bilder von der Rückseite des Mondes zur Erde gefunkt – damit von der Seite, die der Erde abgewandt ist. Auf dieser Seite des Mondes gibt es mehr Krater, aber weniger Senken. Man nimmt an, das liegt daran, dass die Gesteinskruste auf der Rückseite des Mondes dicker ist und die heiße Lava aus dem Inneren des Mondes nicht so leicht aufsteigen konnte.

Gesteinskruste
Äußerer Mantel
Innerer Mantel
Kern

Dreht sich der Mond?

Ja, aber sehr langsam! Er dreht sich in genau der Zeit um seine **Achse**, in der er auch die Erde umkreist – in 27,3 Tagen. Aus diesem Grund können wir von der Erde aus stets nur die eine Seite des Mondes sehen.

Bist du nun verwirrt? Betrachte das Bild links. Während der Mond um die Erde kreist, bleibt der Astronaut an einem Ort auf der Mondoberfläche stehen, und du kannst sehen, dass er die Umdrehung des Mondes mitmacht.

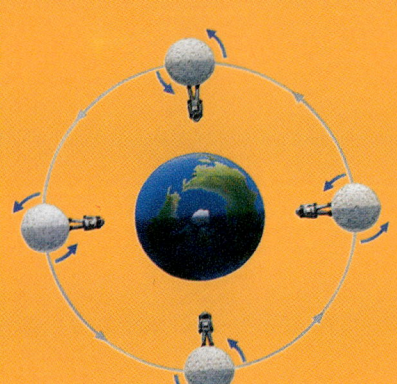

Kurz-INFO

Zeichen ☾	**Masse** 1/81 der Erde
Lage Bahn um die Erde	**Gravitation** 1/6 der Erde; ein 50 kg schwerer Mensch würde auf dem Mond 8 kg wiegen
Mittlere Entfernung von der Erde 384 403 km	
Rotationsperiode 27,3 Erdentage	**Oberflächentemperatur** Von −160 °C bis +130 °C
Umlaufzeit um die Erde 27,3 Erdentage	**Atmosphäre** Keine
Durchmesser 3476 km, etwa ¼ der Erde	

Die Mondphasen

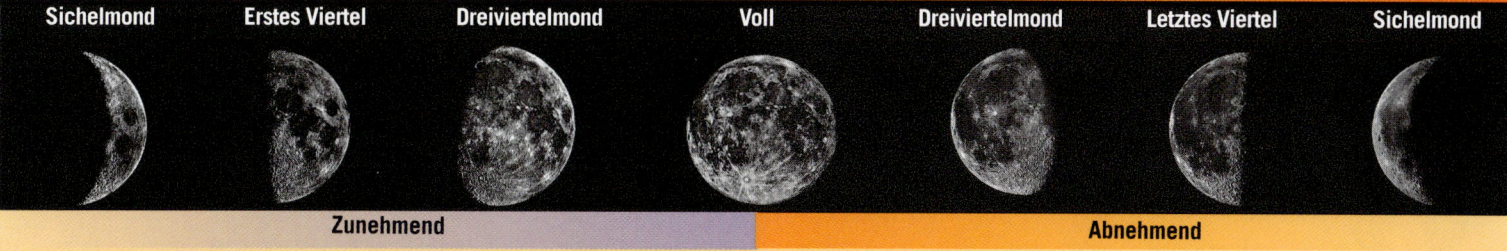

Sichelmond	Erstes Viertel	Dreiviertelmond	Voll	Dreiviertelmond	Letztes Viertel	Sichelmond

Zunehmend — **Abnehmend**

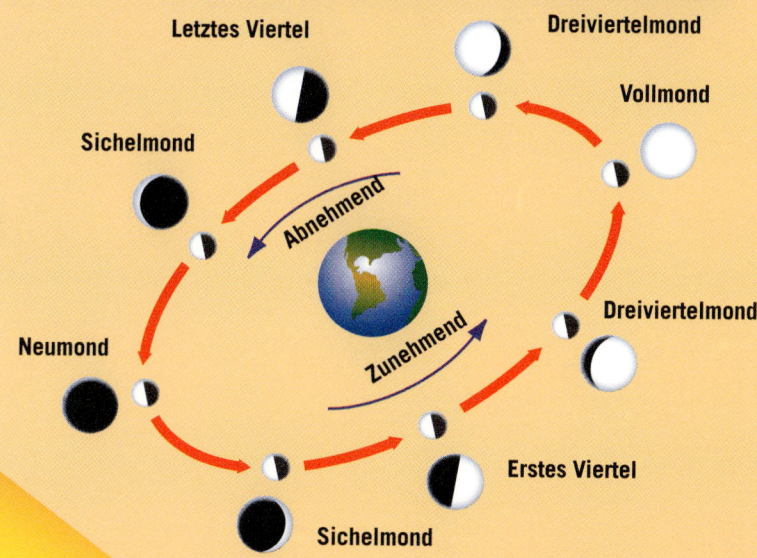

Letztes Viertel — Dreiviertelmond — Vollmond — Dreiviertelmond — Erstes Viertel — Sichelmond — Neumond — Sichelmond

Abnehmend — Zunehmend

Sonnenlicht

Einen faszinierenden Anblick am Nachthimmel bieten die immer gleichen Mondphasen. In jeweils 29,5 Tagen hat der Mond alle Phasen durchlaufen. Er ändert seine Form natürlich nicht wirklich. Was sich ändert, ist der von der Sonne beschienene Teil der Mondoberfläche, den wir von der Erde aus sehen können.

Bei Neumond ist die von der Sonne beschienene Seite des Mondes für uns nicht sichtbar. Anders gesagt: die uns zugewandte Seite des Mondes ist dunkel und folglich am Nachthimmel nicht zu sehen. Dann erscheint im Verlaufe von etwa zwei Wochen eine zunächst schmale

Mondsichel, die zum Viertelmond, zum Dreiviertelmond und schließlich zum Vollmond wird. Anschließend kehrt sich dieser Vorgang um, und der sichtbare Mond wird immer kleiner, bis er am Ende nicht mehr zu sehen ist – dann ist wieder Neumond.

Für die Zeit zwischen Neu- und Vollmond wird vom zunehmenden Mond gesprochen, für die Zeit zwischen Voll- und Neumond vom abnehmenden Mond. In einem Jahr kommt es zu 12 vollständigen Zyklen; das Jahr hat 12 Monde, was wir Monate nennen. Schon früh haben die Menschen ihren Kalender nach dem Mond eingeteilt.

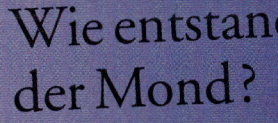

Erdschatten

Mondfinsternis

Eine **Mondfinsternis** tritt auf, wenn der Mond zur Zeit des Vollmonds in den Erdschatten tritt *(oben)*. Sonne, Erde und Mond stehen dann in einer Reihe. Der Mond verschwindet aber nicht vollständig; Streulicht vermag ihm noch einen rötlichen Schimmer zu verleihen *(rechts)*. Im statistischen Mittel treten pro Jahr 1,5 Mondfinsternisse auf.

Wie entstand der Mond?

Der Ursprung des Mondes ist noch immer ein Geheimnis. Eine Theorie besagt, er sei entstanden, als ein großer Himmelskörper mit der Erde zusammenstieß *(oben rechts)*. Durch diese Kollision soll eine Wolke aus Gesteinsbrocken in die Umlaufbahn um die Erde geschleudert worden sein *(Mitte rechts)*. Aus diesem Gestein sei mit der Zeit ein größerer Himmelskörper geworden – der Mond *(unten rechts)*.

Erkundung des Mondes

Wie ist es, auf dem **Mond** zu laufen? Du hast hier nur ein Sechstel deines Gewichts auf der Erde, wodurch jeder Schritt ein kleines Abenteuer ist. Weil du so leicht bist, kannst du nicht einfach einen Fuß vor den anderen setzen. Du musst dich nach vorne stemmen, als hättest du gegen den Wind anzukämpfen. Auch hast du das Gefühl, als würdest du auf einem Trampolin springen.

Gleichfalls nicht ganz einfach ist es anzuhalten. Dabei musst du deine Füße in den Boden stemmen, dich nach hinten lehnen und doch die Balance halten. Misslingt es dir, fällst du im Zeitlupentempo. Es macht richtigen Spaß! Verletzen kannst du dich dabei kaum.

Wenn du nicht mehr laufen möchtest, kannst du dich in dein vierrädriges Mondauto setzen. Es ist eine gemächliche Fahrt bei etwa 15 km/h. Das Auto hüpft und springt über die unebene, mit **Kratern** bedeckte Mondoberfläche. Es ist wie in einem kleinen Schiff bei rauer See. Wenn das Auto vom Boden abhebt, „springt" es sechsmal höher als auf der Erde!

Souvenirs

Ein vierblättriges Kleeblatt, eine Falkenfeder, eine Bibel, eine Menschenfigur im Raumanzug und eine Plakette *(rechts oben)* – all das haben die Astronauten auf dem Mond zurückgelassen. Die Plakette trägt die Inschrift: „Hier haben Menschen vom Planeten Erde im Juli 1969 n. Chr. erstmals ihren Fuß auf den Mond gesetzt..." Als Souvenir nahmen die Astronauten 382 kg Mondgestein mit zur Erde *(unten rechts)*.

Fußabdruck

Dieser Fußabdruck eines Astronauten wird für Millionen von Jahren erhalten bleiben. Der Mond hat keine **Atmosphäre,** und ohne diese gibt es keine Erosion. Die Mondoberfläche, und damit auch der Fußabdruck, kann nicht abgetragen werden.

Mann auf dem Mond

In der Mitte eines Tales sammelt der Astronaut Harrison Schmitt kleine Gesteinsstücke von einem großen Felsbrocken. Der Felsen war von besonderem Interesse, weil er aus zwei verschiedenen Gesteinsarten bestand. Rechts ist das Mondgefährt zu sehen, mit dem die Astronauten auf dem Mond gefahren sind – das erste Auto auf dem Mond!

Mars Der rote Planet

Mars ist der einzige **Planet** am Nacht-himmel, der rötlich erscheint. Diese Farbe wird durch die Eisenoxide im Boden bewirkt. Für die Menschen schien Mars früher von Blut und Feuer umgeben zu sein. Aus diesem Grund haben die Römer die-sen Planeten nach ihrem Kriegsgott Mars benannt.

Mars und Erde haben vieles gemeinsam, weshalb ersterer auch als der „kleine Bruder" der Erde bezeich-net wird. Die Tage sind fast gleich lang; Mars benötigt für eine Umdrehung lediglich 41 Minuten länger. Auf beiden Planeten gibt es Berge, Canyons, Wüsten, Vul-kane und Eiskappen, ferner auch Flussbetten, die auf dem Mars allerdings ausgetrocknet sind.

Mars weist einige imposante Geländemerkmale auf, beispielsweise Olympus Mons, den größten Vulkan im **Sonnensystem,** oder die Valles Marineris, ein System aus Canyons, das sich über eine Länge von 4500 km er-streckt. Auf dem Mars treten auch gewaltige Sandstürme auf, die über den gesamten Planeten hinwegfegen und mehrere Monate lang andauern können.

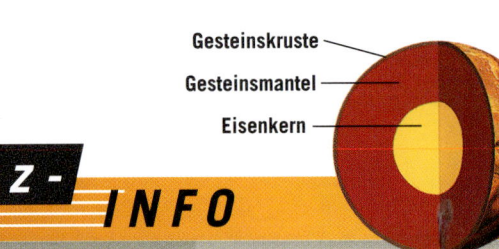

Gesteinskruste
Gesteinsmantel
Eisenkern

Kurz-INFO

Zeichen ♂	**Achsenneigung** 24,9°
Lage Vierter Planet von der Sonne	**Masse** 1/10 der Erde
Mittlere Entfernung von der Sonne 228 Millionen km	**Gravitation** Etwa 2/5 der Erde; ein 50 kg schwerer Mensch würde auf dem Merkur 20 kg wiegen
Rotationsperiode Etwa 24,6 Stunden	**Oberflächentemperatur** Von −150 °C bis +20 °C
Umlaufzeit um die Sonne 686,98 Erdentage	**Atmosphäre** Hauptsächlich Kohlen-dioxid
Umlaufgeschwindigkeit etwa 86 400 km/h	**Monde** 2
Durchmesser 6794 km	**Ringe** Keine

Wie auf der Erde sind die Pole des Mars von Eis bedeckt. Südlich des Äquators liegt ein gewaltiges Canyonsystem, die Valles Marineris.

Die Monde

Mars hat zwei kleine, unregel-mäßig geformte **Monde:** Pho-bos and Deimos. Es könnte sich dabei um **Planetoiden** *(Seite* 86) handeln, die vom Mars eingefangen wurden.

Phobos *(oben),* der größere, näher beim Mars befindliche Mond, ist 27 km lang. Er weist eine felsige Oberfläche mit vielen **Kratern** auf, u. a. den großen Krater Stickney, der 10 Prozent der Mondober-fläche umfasst. Phobos hat eine kurze Umlaufzeit – nur 7 Stunden und 39 Minuten.

Deimos *(unten)* ist nur 15 km lang und hat eine glat-tere Oberfläche. Er umkreist den Mars in etwa 30 Stunden.

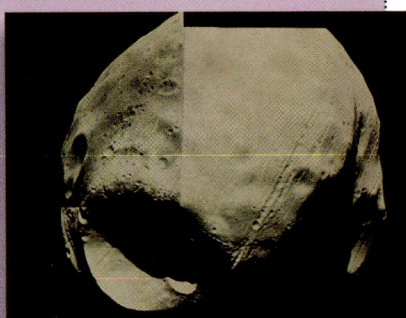

Phobos

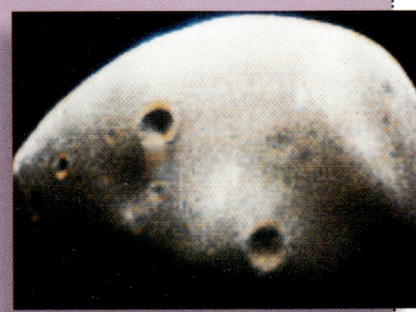

Deimos

Olympus Mons

Flussläufe

Wie auf diesem Foto zu erkennen ist, gibt es auf dem Mars viele ausgetrocknete Flussläufe. Was ist mit all diesem Wasser passiert? Ein großer Teil befindet sich in den Eiskappen der Pole, besonders am Nordpol. Denkbar ist aber auch, dass ein Teil in gefrorenem Zustand unter der Oberfläche des Planeten verborgen ist.

Wie groß?

Olympus Mons

Mount Everest

Der größte Vulkan im Sonnensystem – Olympus Mons – liegt auf dem Mars. Er weist eine Höhe von fast 27 km auf und ist damit etwa dreimal so hoch wie der Mount Everest (oben), der höchste Berg der Erde. Wenn du berücksichtigst, wie weit er sich in alle Richtungen erstreckt, hat er 50mal mehr Masse als der größte Vulkan auf der Erde – der Mauna Kea auf Hawaii.

Olympus Mons ist erloschen, das heißt, er ist seit langer Zeit nicht mehr ausgebrochen. Sein Gipfel hat die Form eines Schildes (ganz oben) mit einem 80 km durchmessenden Krater in der Mitte.

Hast du das gewusst?

„Das Gesicht"

Eines der seltsamsten Bilder vom Mars hat 1976 die Raumsonde Viking 1 aufgenommen. Inmitten einer weiten Ebene ragt ein Objekt empor, das wie ein menschliches Gesicht aussieht. Schon glaubten viele, es handele sich hierbei um ein Monument, das von Außerirdischen errichtet worden sei. 1998 hat eine Sonde neue Fotos gefunkt; mit ihnen ließ sich zweifelsfrei feststellen, dass es sich lediglich um eine Gesteinsformation handelt, die ungewöhnliche Schatten wirft.

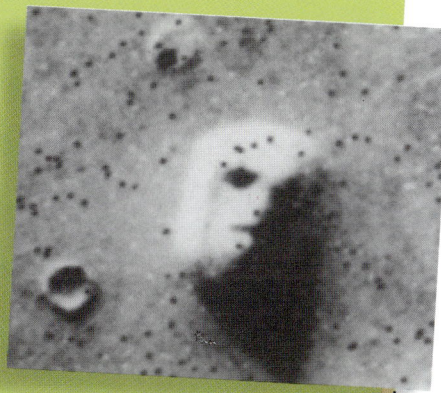

Erkundung des Mars

Weil Mars der erdähnlichste **Planet** ist, hegte man lange die Hoffnung, dass es dort vielleicht Leben geben könne. 1877 wurden auf dem Mars „Kanäle" gesichtet, die, so die Mutmaßung, von intelligenten Lebewesen errichtet worden sein könnten. In einer späteren Epoche machten Wissenschaftler geltend, sie hätten Anzeichen für pflanzliches Leben entdeckt.

Die ersten Nahaufnahmen von der Oberfläche des Mars stammen aus dem Jahre 1965 von der Raumsonde *Mariner* 4. Die Bilder zeigten einen trockenen, öden Planeten. 1997 ist die Sonde *Pathfinder* auf dem Mars gelandet. Sie hatte in ihrem Gepäck das Fahrzeug *Sojourner (rechts)*, das nach der weichen Landung viele Informationen über den Planeten und seine **Atmosphäre** sammelte – aber keine Spur von Leben entdeckte.

Hast du das gewusst?

Im Jahr 1984 hat die amerikanische Geologin Roberta Score in der Antarktis einen **Meteoriten** geborgen *(rechts Mitte)*. Fast zehn Jahre später wurde erkannt, dass dieser Meteorit vom Mars stammt und Komponenten enthält, die an organische Strukturen erinnern. Unter anderem wurde eine wurmähnliche Struktur entdeckt, die die $\frac{1}{100}$ Stärke des menschlichen Haares hat und fossilen Organismen auf der Erde gleicht *(rechts)*. Doch ein Beweis für außerirdisches Leben konnte bisher nicht erbracht werden.

Der Amerikaner Percival Lowell hatte 1877 erfahren, dass auf dem Mars seltsame Linien entdeckt worden seien. Lowell schloss sich sofort der Auffassung an, dass es sich dabei um Kanäle der Marsbewohner handelte. Er war überzeugt, dass der Mars im Begriff stand auszutrocknen und dass die Marsbewohner in einem verzweifelten Versuch, ihre Zivilisation zu retten, über diese Kanäle das Wasser der polaren Eiskappen in Äquatornähe befördern wollten.

**Lowell benannte die „Kanäle",
die er auf Karten einzeichnete.**

1894 hat Lowell in Flagstaff (Arizona) ein Observatorium gegründet, in dem er den Planeten Nacht für Nacht beobachtete *(rechts unten)*. Auch fertigte er ausführliche Karten von den Marskanälen *(rechts oben)* an. Jahrzehntelang teilten viele Menschen seine Meinung. Als später die ersten Raumsonden Bilder vom Mars zur Erde funkten, waren keine Kanäle zu erkennen.

Wie sieht es *da aus?*

Auf dem Mars

Sei vorsichtig; überall liegen Felsbrocken. Hoffentlich hast du keinen Durst, auf dem Mars gibt es nämlich kein flüssiges Wasser. Betrachte den Himmel. Er ist rötlichorange, und die Sonne ist klein – nur halb so groß als auf der Erde! Wenn die Sonne scheint, sind die Temperaturen erträglich. Du solltest deinen Raumanzug aber anbehalten! Der Anzug schützt dich vor den Sandstürmen, und nach Sonnenuntergang fällt die Temperatur tief unter den Gefrierpunkt. Du könntest auch nicht atmen; die Atmosphäre ist sehr dünn und besteht zum großen Teil aus Kohlendioxid.

Stell dir *vor!*

Im Jahr 1898 hat der Schriftsteller H. G. Wells den Roman *Krieg der Welten* geschrieben, der von bösartigen Marsmenschen *(rechts)* handelt. Vierzig Jahre später kam es bei der Sendung des gleichnamigen Hörspiels von Orson Welles im amerikanischen Hörfunk zu Panik in der Bevölkerung. Das Hörspiel war so realistisch, dass viele Menschen glaubten, Amerika würde gerade von Marsmenschen erobert.

Jupiter Gas-riese

Jupiter, der unbestrittene König der Planeten, hat seinen Namen von dem gleichnamigen römischen Gott des lichten Himmels *(unten)*. Jupiter ist der größte **Planet** im **Sonnensystem.** Er erinnert in seinem Aussehen an einen farbenfroh gestreiften Strandball. Nach dem Mond und der Venus ist er überdies der hellste Himmelskörper am Nachthimmel.

Jupiter, ein Gasriese ohne feste Oberfläche, hat einen Gesteinskern, der von gewaltigen Gasmassen umgeben ist. Diese werden durch die **Gravitation** des Planeten so komprimiert, dass sie fest oder flüssig geworden sind. In der äußeren **Atmosphäre** des Planeten, die bis in eine Höhe von etwa 15 000 km reicht, befindet sich eine stürmische Wolkenschicht. Jupiter besteht wie die Sonne zum großen Teil aus Wasserstoff und Helium. Wäre Jupiter lediglich 80-mal massiver, würde es sich bei diesem Planeten aufgrund seines dann wesentlich heißeren Kerns um einen **Stern** handeln. Tatsächlich beträgt die Realtemperatur im Kern bereits 30 000 °C. Aus diesem Grund strahlt er doppelt so viel Hitze ab, wie er von der Sonne erhält.

Molekularer Wasserstoff
Metallischer Wasserstoff
Flüssiger Mantel
Fester Kern

Kurz-INFO

Zeichen ♃	**Achsenneigung** 3,08°
Lage Fünfter Planet von der Sonne	**Masse** Das 318fache der Erde
Mittlere Entfernung von der Sonne 778,4 Millionen km	**Gravitation** Das 2,5fache der Erde; ein 50 kg schwerer Mensch würde auf dem Jupiter 125 kg wiegen
Rotationsperiode Etwa 9,8 Erdenstunden	**Temperatur in den oberen Wolken** -150 °C
Umlaufzeit um die Sonne Etwa 11,8 Erdenjahre	**Atmosphäre** Wasserstoff, Helium, Methan
Umlaufgeschwindigkeit Etwa 46 800 km/h	**Monde** 16
Durchmesser 142 800 km	**Ringe** 3

Im Jahre 1610 hatte der italienische Astronom Galileo Galilei sein Teleskop auf den Nachthimmel gerichtet. Bei der Beobachtung des Jupiter entdeckte er in dessen Nähe vier „Sterne". Als er aber feststellte, dass diese um den Jupiter kreisen, identifizierte er sie als Begleiter des Planeten, so wie der Mond die Erde begleitet. Galilei war der Erste, der **Satelliten** eines anderen Planeten als der Erde beobachten konnte. Heute werden Io, Europa, Ganymed und Callisto als die Galileischen Monde bezeichnet.

Wie **groß**?

Das Schwergewicht im Sonnensystem

Jupiter, dieser Riesenplanet, ist nach der Sonne der größte Himmelskörper im Sonnensystem. Wenn man die **Masse** der Erde gleich 1 setzt, dann ist die des Jupiter 318. Tatsächlich weist er zwei Drittel der Masse aller Planeten unseres Sonnensystems auf. Alle anderen Planeten sowie sämtliche Monde könnten im Jupiter Platz finden. Saturn kommt ihm mit der etwa 95fachen Erdenmasse am nächsten. Selbst der feste Kern des Jupiter weist noch etwa die Größe der Erde auf.

Jupiter ist von farbigen Wolkenbändern umgeben. Unten links ist das bekannteste Merkmal des Planeten zu erkennen, der Große Rote Fleck. Dabei handelt es sich um einen gewaltigen Wirbelsturm.

Jupiter unter der Lupe

Aus großer Entfernung geben die sich fortwährend ändernden Bänder, Wirbel und Flecken des Jupiter ein friedliches Bild ab. Tatsächlich aber handelt es sich bei diesen farbigen Merkmalen um gewaltige Stürme und Wolkenbänder.

Der größte dieser Stürme – zugleich der größte im gesamten **Sonnensystem** – ist der Große Rote Fleck. In vielem gleicht er einem riesigen Hurrikan, bei dem starke Winde gegen den Uhrzeigersinn um ein ruhigeres Zentrum wirbeln. Dieser Sturm ist in seiner Reichweite so groß, dass er die Erde zweimal aufnehmen könnte! Er wütet mindestens seit dem Jahr 1664, als er zum ersten Mal von der Erde aus beobachtet werden konnte. Auch bei den kleineren Wirbeln, die in der Atmosphäre zu sehen sind, handelt es sich um Stürme. Aber keiner hält schon so lange an wie der des Großen Roten Flecks.

Die farbigen Streifen treten auf, wenn warme **Gase** aufsteigen und kühlere absinken. Durch die schnelle **Rotation** des Jupiter – er dreht sich in 9,8 Stunden um seine **Achse** – entstehen aus diesen Wolken lange Bänder.

Stürmische Wettervorhersage

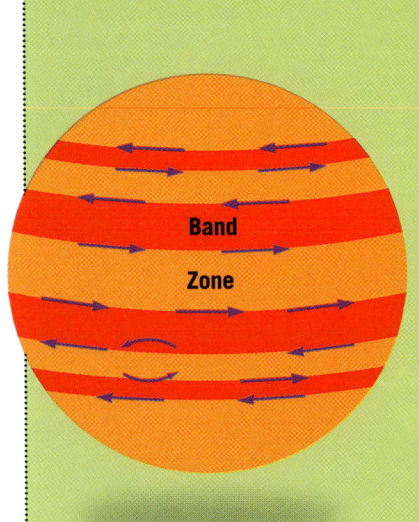

Band

Zone

Die Atmosphäre des Jupiter weist ebenso wie die der Erde wärmere und kühlere Zonen auf. Dadurch entstehen Hoch- und Tiefdruckgebiete, die Zonen bzw. Bänder heißen und die Ursache für starke Stürme sein können. Die hellen Zonen stellen Hochdruckgebiete dar; sie bilden sich dort, wo heiße Gase an die Oberfläche der Wolkenschicht aufsteigen. Die dunklen Bänder sind Tiefdruckgebiete, in denen die kühleren Gase absinken. Zwischen den einzelnen Bändern und Zonen treten starke Windströme auf.

Absturz eines Kometen

Im Juli 1994 hat der **Komet** Shoemaker-Levy Geschichte geschrieben: Er stellte das erste größere Objekt dar, das beim Absturz auf einen Planeten beobachtet werden konnte. Durch die **Gravitation** des Jupiter in viele Stücke auseinandergebrochen, tauchten seine 21 Bruchstücke innerhalb von fünf Tagen mit 216 000 km/h in die Atmosphäre des Planeten ein und explodierten schließlich.

Der Rote Fleck

Der Große Rote Fleck, ein riesiger Wirbelsturm, ist das am deutlichsten erkennbare Merkmal des Jupiter. Zur Zeit weist er eine Länge von 24 000 km und eine Breite von 11 000 km auf; er rotiert in sechs Tagen um seine Achse. Dieser Wirbelsturm wird schon seit über 300 Jahren beobachtet! Das helle Oval unterhalb des Roten Flecks stellt einen kleineren Wirbelsturm dar; er entstand vor 40 Jahren. Solche lang andauernden Wirbelstürme sind auf diesem Planeten keine Seltenheit.

Wie sieht es **da aus?**

Auf dem Jupiter

Innerhalb des Großen Roten Flecks müsstest du deinen besten Raumanzug tragen. Ein eisiger Sturm würde dich erfassen und mit einer Geschwindigkeit von nahezu 200 km/h durch die vielfarbigen Wolken wirbeln. Dabei ist dein Raumanzug einem steten Eisregen aus gefrorenem Wasser, Ammoniak und anderen Stoffen ausgesetzt. Wenn du an die Oberfläche der Wolken getrieben wirst, kannst du die kleine Sonnenscheibe und den **Mond** Io erkennen.

Jupiters Monde

Mit seinen 16 **Monden** ist Jupiter wie das Zentrum eines kleinen **Sonnensystems**. Seine **Satelliten** umkreisen ihn in Entfernungen von bis zu 23,7 Millionen km. Die Jupitermonde sind verschieden groß – Io, Europa, Ganymed und Callisto, die vier Galileischen Monde, haben ungefähr die Größe unseres Mondes. Die anderen zwölf Monde sind kleiner, wobei der Durchmesser von Leda nur 16 km beträgt.

Die vier Monde Metis, Adrastea, Amalthea und Thebe befinden sich innerhalb der Bahn von Io. Die acht Monde außerhalb der Bahn von Callisto sind vermutlich Bruchstücke von zwei **Planetoiden**. Vier dieser Monde – Leda, Himalia, Lysithea und Elara – zeichnen sich durch äußerst exzentrische Bahnen aus. Noch auffälliger sind die äußersten vier Monde Ananke, Carme, Pasiphae und Sinope: Sie umkreisen den Jupiter rückläufig, also gegen die Rotationsrichtung des Planeten.

Der Mond Europa hat etwas mit der Erde gemeinsam: Eis. Die gesamte Oberfläche dieses Mondes ist eisbedeckt. Die vielen Linien, die Europa überziehen *(oben)*, sind Risse im Eis. Unter der dicken Eisschicht könnte der einzige Ozean liegen, den es in unserem Sonnensystem außerhalb der Erde gibt. Dann wäre es auch möglich, dass sich lebende Organismen in dem Wasser entwickelt haben.

Io: Pizzamond

Io ist der geologisch aktivste Himmelskörper im Sonnensystem. Vulkane speien in den Farben Rot, Gelb und Dunkelbraun Schwefel und Schwefeldioxid bis zu 400 km empor. Diese pulvrige Masse fällt schließlich auf die Oberfläche des Mondes zurück, der aussieht wie eine riesige Pizza. *Voyager 2* konnte einen Vulkanausbruch im Bild festhalten *(rechts);* dessen Gasfahne wurde fast 300 km emporgeschleudert. Auf Io gibt es auch viele „Hot spots". Einer hat einen Lavasee gebildet, der einen Durchmesser von mehreren hundert Kilometern hat.

Zum Vergleich

Galileische Monde

Alle vier Galileischen Monde haben eine vergleichbare Größe, weisen aber sonst große Unterschiede auf. Io, dem Jupiter am nächsten, ist von Vulkanen bedeckt. Callisto, der entfernteste, hat mehr **Krater** als jeder andere Himmelskörper im Sonnensystem. Europa, der kleinste , ist von Eis bedeckt; darunter befindet sich vielleicht ein Ozean aus Wasser oder Schlamm. Ganymed hat eine teils ebene, teils von Kratern bedeckte Oberfläche.

Die meisten der 16 Jupitermonde sind nach Gefährten des römischen Gottes Jupiter benannt. Hier sind sie in der richtigen Reihenfolge dargestellt; ihre Größe und Entfernung kann indes nicht maßstabsgetreu wiedergegeben werden.

Io: Feuermond

Der Mond Io ist von Schwefelablagerungen, vulkanischer Asche und Lava bedeckt. Mit einem Durchmesser von 3630 km ist er nur wenig größer als unser Mond. Seine Umlaufzeit beträgt 1,77 Tage.

Europa: Eismond

Europa, der etwas kleiner als unser Mond ist, könnte unter seiner Eisschicht einen tiefen Ozean aus Wasser oder Schlamm beherbergen. Er hat eine dünne **Atmosphäre**, die auch Wasser enthält.

Ganymed: Planetenmond

Ganymed hat einen Durchmesser von 5262 km und ist der größte Mond im Sonnensystem. Er übertrifft an Größe die Planeten Merkur und Pluto. Viele Krater sind eisbedeckt und deshalb nicht mehr sichtbar.

Callisto: Kratermond

Callistos Oberfläche ist von Kratern übersät. Dieser Mond weist mehr Krater auf als jeder andere Himmelskörper im Sonnensystem. Sein größter Krater hat einen Durchmesser von etwa 600 km.

Metis
Adrastea
Amalthea
Thebe

Io

Europa

Ganymed

Callisto

Leda
Himalia
Lysithea

Elara

Ananke
Carme
Pasiphae

Sinope

Saturn Herr der Ringe

Saturn, benannt nach dem römischen Gott der Aussaat *(unten),* ist der zweitgrößte **Planet** im **Sonnensystem.** Saturn ist der entfernteste Planet, den wir mit bloßem Auge erkennen können. Seine mittlere Entfernung von der Sonne beträgt 1,427 Milliarden km. Er ist auch der einzige, dessen Ringe mit einem einfachen Fernrohr sichtbar sind. Diese Ringe bestehen aus Milliarden kleiner Gesteinsbrocken.

Saturn ist wie der Planet Jupiter ein Gasriese, der mehr **Energie** abgibt, als er von der Sonne aufnimmt. Er hat einen eisenreichen **Kern,** der von flüssigem Wasserstoff umgeben ist. Seine Atmosphäre besteht aus Gasen und Wolken. Wie Jupiter hat auch Saturn eine hohe Rotationsgeschwindigkeit, die die Ursache für die starke Abplattung des Planeten ist. Wegen dieser schnellen Rotation treten in der **Atmosphäre** starke Winde auf, die in Äquatornähe an der Wolkenobergrenze bis zu 1800 km/h erreichen können.

Molekularer Wasserstoff
Metallischer Wasserstoff
Wasser
Gesteinskern

Kurz-INFO

Zeichen ♄	**Achsenneigung** 26,7°
Lage Sechster Planet von der Sonne	**Masse** Das 95fache der Erde
Mittlere Entfernung von der Sonne 1,427 Milliarden km	**Gravitation** Das 1,1fache der Erde; ein 50 kg schwerer Mensch würde auf dem Saturn 55 kg wiegen
Rotationsperiode Etwa 10,23 Erdenstunden	**Temperatur in den oberen Wolken** −180 °C
Umlaufzeit um die Sonne 29,5 Erdenjahre	**Atmosphäre** Hauptsächlich Wasserstoff, Helium
Umlaufgeschwindigkeit Etwa 36 000 km/h	**Monde** 18 (oder mehr)
Durchmesser 120 870 km	**Ringe** 7 Ringgruppen mit Tausenden von Einzelringen

Dieses von der Raumsonde *Voyager* aufgenommene Bild zeigt die hübsch geformten Ringe und Wolkenbänder des Saturn. Zu erkennen sind auch die deutlich abgeflachten Pole des Planeten.

Das Geheimnis der Ohren

Als Galileo Galilei 1610 den Saturn durch ein Teleskop studierte, zeichnete er seine Beobachtungen auf: drei runde Körper in einer Reihe. Da er bereits Jupitermonde entdeckt hatte, nahm er an, dass es sich bei den beiden ohrenartigen Rundformen ebenfalls um **Monde** oder **Sterne** handeln müsse. Er irrte! Seine späteren Zeichnungen kamen der Wahrheit näher. Das Geheimnis wurde aber erst 1656 gelüftet, als der holländische Astronom Christiaan Huygens die seltsamen Begleiter des Planeten als Ringe identifizierte.

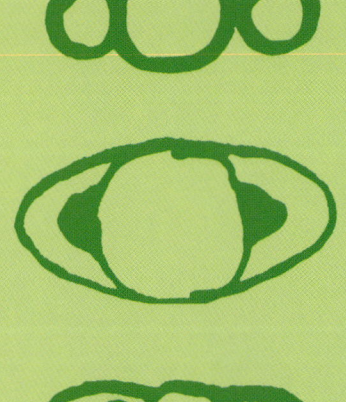

Wie sieht es da aus?

Ein Flug durch Saturns Ringe

Von der Erde aus gesehen scheinen die Ringe des Saturn ein glattflächiges Gebilde zu sein. Tatsächlich bestehen sie aber aus Milliarden vereister Gesteinsbrocken, einige so groß wie ein Haus, die meisten aber bedeutend kleiner. Sie sehen aus wie schmutzige Schneebälle. Du würdest nicht lange brauchen, um das Ringsystem mit deinem Raumschiff zu durchqueren; es ist nur etwa 400 m dick. Zwischen den Ringen befinden sich von Monden geschaffene Lücken.

Hast du das gewusst?

Saturn könnte schwimmen

Denk dir einen ausreichend großen Ozean – Saturn würde darin schwimmen können! Der Planet besteht zum großen Teil aus den leichten Gasen Wasserstoff und Helium; deshalb ist seine Dichte geringer als die von Wasser.

Saturns Ringe

Wie dünn sind die Ringe des Saturn? In einem maßstabsgetreuen Modell mit einem Durchmesser von 13 km würde das Ringsystem gerade die Dicke einer CD aufweisen. Die Ringe des Saturn sind aber nicht massiv, vielmehr bestehen sie aus Milliarden vereister Gesteinsbrocken. Sie könnten ein Relikt aus der Entstehungszeit des Planeten sein, vielleicht handelt es sich aber auch um Überreste von **Planetoiden** oder kleinen **Monden,** die durch die **Gezeitenkraft** des Riesenplaneten auseinander gerissen worden sind. Das Ringsystem ist von Lücken unterbrochen, die von kleineren Monden geschaffen worden sind. Die größte dieser Lücken ist die so genannte Cassinische Teilung. Man nimmt an, dass sie durch die Anziehungskraft des Saturnmondes Mimas hervorgerufen wurde.

Wie viele?

Im Jahre 1675 konnte der Astronom Giovanni Cassini zwei Ringe erkennen. Am Ende des 19. Jahrhunderts ließen sich vier Ringe beobachten. Auf Aufnahmen wie dieser, die von der Sonde *Voyager 2* zur Erde gefunkt und die mithilfe eines Computers farblich bearbeitet wurde, sind heute Tausende von Ringen zu erkennen.

Warum hat Saturn Ringe?

Niemand weiß mit Sicherheit zu sagen, warum Saturn so viele Ringe hat. Eine mögliche Erklärung bezieht sich auf die so genannte Roche-Grenze, benannt nach dem französischen Mathematiker Edouard Roche. Bei dieser Roche-Grenze *(blau)* handelt es sich um den gedachten Mindestabstand, den ein Mond zum Saturn haben muss, um sich aufgrund eigener Anziehungskraft auszubilden. Bei Überschreitung dieses Mindestabstands sind die Anziehungskräfte des Saturn größer als die der ihn umkreisenden Teilchen, welche sich deshalb nicht zu Monden zusammenballen können. Und in der Tat liegt der größte Teil der Ringe des **Planeten** innerhalb der Roche-Grenze, die beim Saturn etwa 150 000 km beträgt.

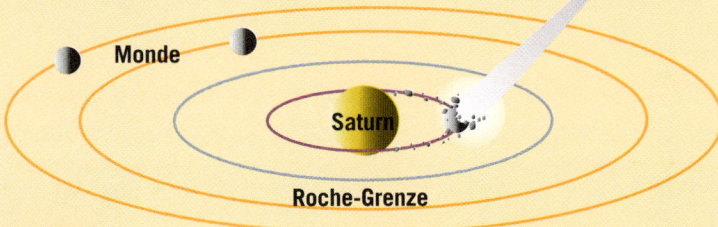

Monde

Saturn

Roche-Grenze

1

Als Saturn zusammen mit den anderen Planeten des **Sonnensystems** vor 4,6 Milliarden Jahren entstand, bildeten sich außerhalb der Roche-Grenze auch einige Monde. Dann wurde der Planet größer und die Roche-Grenze dehnte sich über die Bahn der inneren Monde aus. Später könnte ein Himmelskörper mit einem dieser Monde kollidiert sein, der in Milliarden Teile zerfiel *(oben)*.

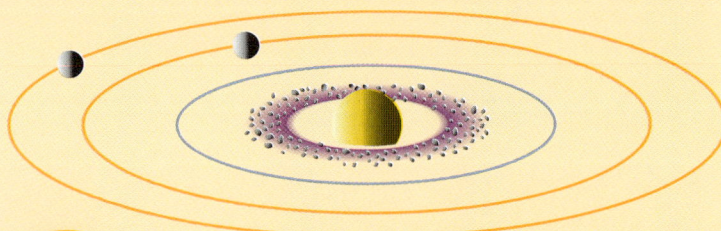

2

Anschließend verteilten sich die Teile des geborstenen Mondes scheibenförmig um den Planeten. Wegen der gegengerichteten Anziehungskräfte innerhalb der Roche-Grenze konnten sich diese Teile nicht mehr zu einem Mond zusammenballen und zerfielen folglich in immer kleinere Teilchen, aus denen schließlich die hübsch anzusehenden Ringe wurden, die wir heute bewundern können.

Ringe, Flechten und Wellen

Flechten

Hirten-monde

Schmaler Ring

Wellen

Mond

Falten

Das Ringsystem des Saturn weist eine komplexe Struktur auf. Von der Erde aus wirkt das System wie ein farbiges Band, tatsächlich aber besteht es aus Tausenden von Ringen.

Im Zusammenspiel mit einigen der Monde bilden sich dichte „Wellenstrukturen" heraus. Durch die Gravitation der Monde rückt die Materie der Ringe näher zusammen; zwischen den einzelnen Ringen bilden sich schmale Lücken.

Einige Ringe sehen aus wie zerknitterter Karton. Die „Knitterfalten" entstehen, wenn die Ringe im Einflussgebiet eines Mondes mit anderer Bahnneigung liegen. Die Monde ziehen die Teilchen etwas über oder unter ihre Bahn und rufen so die charakteristischen Falten hervor.

Die Lücken im Ringsystem sind nicht leer; in ihnen befinden sich kleinere Ringe oder Monde, die von der Erde aus nicht sichtbar sind. Monde auf beiden Seiten der Ringe drücken die Gesteinsbrocken zu einem schmalen Band zusammen. Einer der Ringe des Saturn ist durch seine beiden „Hirtenmonde" zu einem geflochtenen Band geworden.

Leute — Giovanni Cassini

Cassinis Skizze von 1676 zeigt die Lücke zwischen den Ringen.

Im Jahre 1675 entdeckte Giovanni Cassini, ein französischer Astronom italienischer Herkunft, dass Saturn nicht nur einen Ring aufweist. Er fand heraus, dass eine schmale Lücke den äußeren A-Ring vom inneren B-Ring trennt. Ihm zu Ehren wurde diese Lücke später „Cassinische Teilung" genannt. Vor dieser Entdeckung hatte man angenommen, Saturns einer Ring sei fest oder flüssig, doch Cassinis Entdeckung erschütterte diese Theorie. Cassini war 1668 von Ludwig XIV. an die Pariser Akademie-Sternwarte berufen worden, wo er rastlos arbeitete und stets bemüht war, die neueste Technik einzusetzen. Sein Einsatz sollte sich auszahlen; er konnte u. a. vier neue Saturnmonde entdecken. Als er später das Augenlicht verlor, setzte sein Sohn die Arbeiten fort.

Saturns Monde

Zum **Vergleich**

Titan

Saturn hat 18 Monde, mehr als jeder andere **Planet** in unserem **Sonnensystem**, und es sind möglicherweise noch mehr. Pan, der dem Saturn am nächsten liegende Mond, ist mit einem Durchmesser von 20 km der kleinste. Bei Phoebe, dem am weitesten entfernten Mond, könnte es sich um einen eingefangenen **Planetoiden** oder **Kometen** handeln. Er ist der einzige Saturnmond, dessen Bahn gegen die Rotationsrichtung des Planeten verläuft. Titan, der größte von Saturns Begleitern, ist mit einem Durchmesser von 5150 km der zweitgrößte Mond unseres Sonnensystems. Er weist auch als einziger eine dichte **Atmosphäre** auf. Tatsächlich ist Titans Atmosphäre dichter als die der Erde und enthält viele der Stoffe, die bei uns bei Smog vorkommen.

Zu den bemerkenswertesten Monden gehören Janus und Epimethius, die sich ihre Umlaufbahn innerhalb des Ringsystems teilen. Einer der beiden Monde ist immer etwas schneller und befindet sich näher am Saturn. Einmal in vier Jahren holt der schnellere der beiden Gefährten den langsameren ein. Die zwei Monde tauschen dann ihre Rollen und die Jagd beginnt von neuem.

Ungleiche Gefährten

Die 18 Monde des Saturn sind sehr unterschiedlich. Die Atmosphäre von Titan *(oben)*, dem größten Saturnmond, enthält Stickstoff und Kohlenwasserstoffe, die ihm seine rötlichorange Tönung verleihen. Die Atmosphäre verdeckt auch die Oberfläche des Mondes. Mimas *(Mitte)* weist den riesigen **Krater** Herschel auf. Der Einschlag, durch den dieser Krater entstand, dürfte den kleinen Mond beinahe zerborsten haben. Die **Gravitation** von Mimas könnte die Ursache für die Cassinische Teilung im Ringsystem sein. Iapetus *(unten)* hat zwei Gesichter – ein helles und ein dunkles. Die helle Seite weist stets in die Bewegungsrichtung seiner Umlaufbahn.

Mimas

Iapetus

Hirtenmonde

Die kleinen Monde Pandora und Prometheus spielen eine ungewöhnliche Rolle: Wie Hirten „hüten" sie die Materie des verflochtenen Rings von Saturn, den sie im Abstand von jeweils etwa 1000 km auf beiden Seiten flankieren. Sie haben einen Durchmesser von lediglich 110 bzw. 140 km, ihre Gravitation ist aber stark genug, um entweichende Materie wieder in den Ring zu drücken.

Saturn hat 18 Monde. Der dem Planeten nächste Mond ist etwa 133 600 km entfernt, der weiteste knapp 13 Millionen km. Ihre Reihenfolge ist in der Grafik unten dargestellt; Größe und Abstand konnten hier allerdings nicht maßstabsgetreu wiedergegeben werden.

Pan
Atlas
Prometheus
Pandora
Janus
Epimethius
Mimas

Enceladus

Tethys
Telesto
Calypso
Dione
Helene

Rhea

Titan

Hyperion

Iapetus

Phoebe

Wie sieht es da aus?

Auf Titan

Wenn du mit dem Fallschirm über Titan abspringen könntest, würdest du einen Mond vor dir haben, der einem Planeten gleicht. Dein Fall könnte dich durch überfrierenden Regen zu Ozeanen aus Methan und Äthan führen, aus denen sich eisbedeckte Inseln erheben. Durch die Atmosphäre dringt nur gedämpfter Sonnenschein.

Trotz dieser Unwirtlichkeit wollen Wissenschaftler mehr über Titan erfahren. Im Jahre 2004 wird die Sonde *Cassini* diesen Mond erreichen und den Lander *Huygens (oben)* absetzen. Er soll die Zusammensetzung der Atmosphäre untersuchen und Bilder von der Oberfläche des Mondes machen.

Uranus Seitwärts gerichtet

Dieses vom Weltraumteleskop Hubble aufgenommene Foto *(rechts)* scheint um 90° gedreht worden zu sein. Doch der Schein trügt. Uranus ist der **Planet**, der mit seinen Ringen und **Monden** seitwärts steht. Bis heute ist nicht restlos geklärt, warum Uranus eine so starke Achsenneigung aufweist. Nicht auszuschließen ist, dass er einst mit einem großen Himmelskörper kollidiert ist, wodurch er sich auf die Seite gelegt hat und auch seine Ringe entstanden sind.

Uranus zeichnet sich durch ausgefallene Jahreszeiten aus: Wenn im Norden Sommer ist, zeigt der Nordpol direkt zur Sonne. 42 Erdenjahre später – ein halbes Jahr auf Uranus – ist der andere Pol auf die Sonne gerichtet. Auf Uranus ist es an den Polen wärmer als am Äquator!

Uranus, einer der Gasriesen, ist der drittgrößte Planet unseres **Sonnensystems.** Sein Name leitet sich von dem griechischen Gott Uranos *(unten)* ab. Durch gefrorenes Methan erhält der Planet seine blaugrüne Farbe. Sein etwa erdgroßer Gesteinskern ist von einer dicken Schicht aus Wasser, Ammoniak und Methan umgeben.

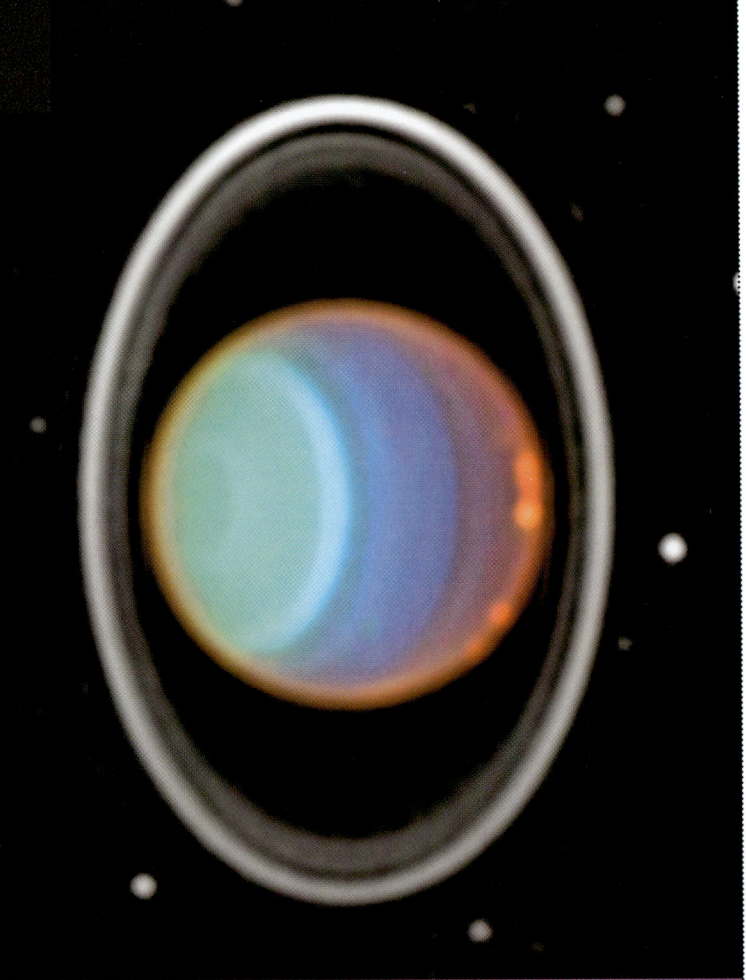

Mischmasch-Mond

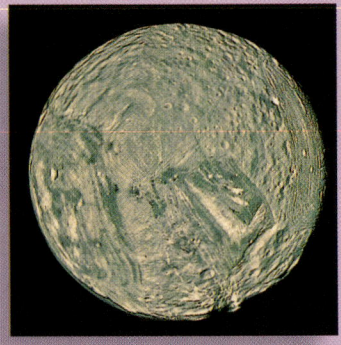

Miranda, fünftgrößter Mond des Uranus, hat eine anders geartete Oberfläche als alle Monde in unserem Sonnensystem: Neben Regionen, die mit **Kratern** übersät sind, weist er gefurchtes Gelände, Böschungen und Ringformationen auf. Möglicherweise ist diese seltsame Landschaft infolge der Kollision mit einem anderen Himmelskörper entstanden. In den Raum geschleudertes Gestein könnte durch die **Gravitation** des Mondes wieder auf seine Oberfläche zurückgefallen sein, was so ihr heutiges Aussehen bewirkte.

Molekularer Wasserstoff
Wasser
Gesteinskern

Kurz-INFO

Zeichen ♅	**Achsenneigung** 98°
Lage Siebter Planet von der Sonne	**Masse** Das 14,6fache der Erde
Mittlere Entfernung von der Sonne 2,896 Milliarden km	**Gravitation** 9/10 der Erde; ein 50 kg schwerer Mensch würde auf dem Uranus 45 kg wiegen
Rotationsperiode Etwa 17,2 Erdenstunden	**Temperatur in den oberen Wolken** −200 °C
Umlaufzeit um die Sonne Etwa 84 Erdenjahre	**Atmosphäre** Wasserstoff, Helium, Methan
Umlaufgeschwindigkeit Etwa 25 200 km/h	**Monde** 17
Durchmesser 51 120 km	**Ringe** 11

Leute — Wilhelm Herschel

Stell dir vor, du baust bei dir im Hof ein großes Teleskop und stößt auf einen neuen Planeten! Genau das ist Wilhelm Herschel widerfahren, als er 1781 den Uranus entdeckte. Herschel war Musiker und begeisterter Amateurastronom. Zusammen mit seiner Schwester Karoline *(rechts)* gelangen ihm eine Reihe astronomischer Entdeckungen. 1782 wurde Herschel daraufhin von dem englischen König Georg III. zum königlichen Hofastronom ernannt. Auch in der Folgezeit konnte er noch viele bedeutende Entdeckungen machen.

Die 17 Uranusmonde, von denen der größte einen Durchmesser von 1610 km aufweist, sind nach Figuren aus Dramen von Shakespeare benannt. Ihre Reihenfolge ist in der Grafik dargestellt, allerdings in Größe und Abstand nicht maßstabsgetreu.

Wie sieht es da aus? — Auf Miranda

Eine Reise auf Miranda, dem elften Mond von Uranus, wäre kein Vergnügen. Die kleine Welt wirkt öde, ist eisig und hat keine Atmosphäre; die Oberfläche ist zerklüftet. Gewaltige Bergrücken und Täler führen zu Höhenzügen von doppelter Höhe des Mount Everest. Am dunklen Himmel des Mondes erstrahlt der blaugrüne Uranus vor dem Hintergrund leuchtender **Sterne.**

Cordelia
Ophelia

Bianca
Cressida
Desdemona
Juliet
Portia
Rosalind
Belinda
Puck

Miranda

Ariel

Umbriel

Titania

Oberon

S/1997 U2

S/1997 U1

Neptun
Windiger Planet

Neptun ist der kälteste der vier Gasriesen und der windigste Planet unseres **Sonnensystems.** Neptunstürme dürften Geschwindigkeiten von bis zu 1100 km/h erreichen. Wie auch Jupiter und Saturn strahlt Neptun mehr Wärme ab, als er von der Sonne empfängt. Diese Wärme steigt von dem **Planeten** in Wellen in die **Atmosphäre** auf und ist zusammen mit der schnellen Umdrehung für die starken Winde verantwortlich.

Die Raumsonde *Voyager* 2 konnte Bilder von vier gewaltigen Wirbelstürmen aufnehmen. Der größte, der Große Dunkle Fleck, wird von leuchtenden Wolken begleitet. Auffällige Cirruswolken ballen sich zusammen und lösen sich innerhalb weniger Stunden wieder auf. Die Messinstrumente von *Voyager* 2 konnten auch bestätigen, dass der Planet Neptun ein System aus drei Ringen von wechselnder Dicke aufweist.

Weil die blaue Farbe des Planeten die Menschen einst an das Meer erinnerte, haben sie ihm den Namen des gleichnamigen römischen Wassergottes *(links)* verliehen.

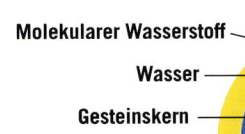

Neptun erhält seine blaue Farbe durch das Methan in seiner Atmosphäre. Am Äquator ist der Große Dunkle Fleck zu erkennen, unten rechts der Kleine Dunkle Fleck.

Molekularer Wasserstoff

Wasser

Gesteinskern

Kurz- INFO

Zeichen Ψ		**Achsenneigung** 29°	
Lage Achter Planet von der Sonne		**Masse** Das 17,2fache der Erde	
Mittlere Entfernung von der Sonne 4,497 Milliarden km		**Gravitation** Das 1,1fache der Erde; ein 50 kg schwerer Mensch würde auf dem Neptun 55 kg wiegen	
Rotationsperiode Etwa 16 Erdenstunden		**Temperatur in den oberen Wolken** −215 °C	
Umlaufzeit um die Sonne Etwa 165,5 Erdenjahre		**Atmosphäre** Wasserstoff, Helium, Methan	
Umlaufgeschwindigkeit Etwa 18 000 km/h		**Monde** 8	
Durchmesser 48 600 km		**Ringe** 3	

Zahlen lügen nicht

Nach der Entdeckung des Uranus fiel auf, dass seine Umlaufbahn Unregelmäßigkeiten aufweist. 1846 zogen John Couch Adams *(links)*, ein englischer Student, und Urbain Leverrier *(rechts)*, ein französischer Astronom, daraus den Schluss, dass die Gravitationswirkung eines weiteren Planeten dafür verantwortlich sein muss, und haben dessen Bahn errechnet. Mit diesen Daten konnte der deutsche Astronom Johann Galle noch im selben Jahr den Planeten Neptun entdecken. Neptun ist der einzige Planet, der mithilfe mathematischer Berechnungen gefunden wurde.

Ein eingefangener Mond

Triton ist ein großer **Mond,** der größte Himmelskörper im Sonnensystem mit einer rückläufigen Bahn. Sie weist eine Neigung von 20° auf. Das könnte darauf zurückzuführen sein, dass Triton vom Neptun erst lange nach dessen Entstehung eingefangen wurde. Der Mond beschreibt eine leicht spiralförmige Bahn, was dazu führt, dass er in den nächsten 100 Millionen Jahren auf den Planeten stürzen wird.

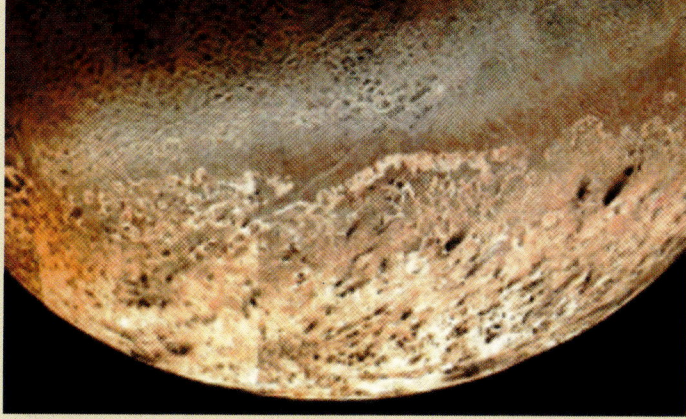

Auf dem geologisch aktiven Triton gibt es nur wenige Einschlagkrater.

Die Monde des Neptun (außer Triton) sind relativ klein. Nereid hat eine äußerst exzentrische Umlaufbahn, die in einer Entfernung von 1,4 bis 9,7 Millionen km um den Planeten verläuft.

Wie sieht es da aus?

Auf Triton

Du solltest für deine Reise deinen wärmsten Raumanzug wählen. Mit einer Oberflächentemperatur von −235 °C ist Triton der kälteste Himmelskörper im Sonnensystem. Alles ist mit Eis aus Stickstoff und Methan bedeckt, was den Mond bläulich und rötlich erscheinen lässt. Hier schleudern gewaltige Geysire partikelbeladenen Stickstoff in die dünne Atmosphäre. Auf diesem Bild ist die Fontäne eines großen Geysirs zu erkennen. Weitreichende gefrorene Seen und eine stark zerklüftete Landschaft würden deine Erkundungen auf Triton sehr erschweren.

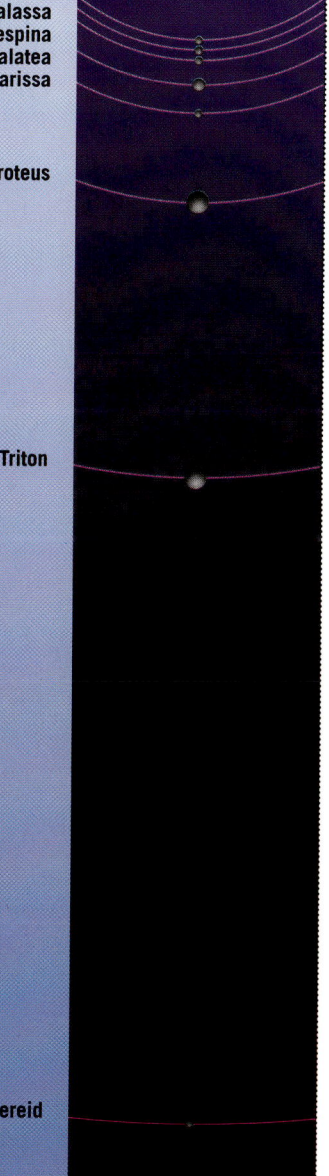

Naiad
Thalassa
Despina
Galatea
Larissa

Proteus

Triton

Nereid

Pluto Eisiger Planet

Wir wissen nur wenig über Pluto, den einzigen **Planeten,** der erst im 20. Jahrhundert entdeckt und noch von keiner Sonde erkundet wurde. Bekannt ist, dass Pluto etwas kleiner als unser irdischer Mond ist. Vermutlich hat Pluto eine dünne, kalte **Atmosphäre** aus Methan und Stickstoff, die langsam in den Weltraum entweicht. Während der Zeit relativer Sonnennähe ist diese Atmosphäre gasförmig, zur Zeit der Sonnenferne gefriert dieses Gas. Wir wissen, dass der Planet eine Achsenneigung von etwa 99° hat. Weil Pluto alles andere als einladend wirkt, wurde er nach dem griechischen Gott der Unterwelt benannt *(unten)*.

Im Jahre 1978 konnte der Astronom James Christy vom U. S. Naval Observatory den Plutomond Charon entdecken. Er ist halb so groß wie Pluto und beschreibt eine sehr enge Bahn um den Planeten. Charons Bahn ist derart geneigt, dass sie teils über, teils unter der Bahnebene von Pluto liegt. Gelegentlich werden Pluto und Charon auch als Doppelplaneten betrachtet.

Wasser- und Methaneis —
Gesteinskern —

Himmlische Zwillinge

Hier siehst du das beste der bisher gelungenen Fotos von Pluto und Charon, aufgenommen vom Weltraumteleskop Hubble. Charon sieht blauer aus als Pluto, was darauf hindeutet, dass die Oberfläche der beiden Himmelskörper unterschiedlich strukturiert ist.

Kurz-INFO

Zeichen ♇	**Achsenneigung** 99°
Lage Neunter Planet von der Sonne	**Masse** Die Masse der Erde beträgt das 454fache von Pluto
Mittlere Entfernung von der Sonne 5,9 Milliarden km	**Gravitation** $7/100$ der Erde; ein 50 kg schwerer Mensch würde auf dem Pluto 3,5 kg wiegen
Rotationsperiode Etwa 6,387 Erdentage	**Oberflächentemperatur** −230 °C
Umlaufzeit um die Sonne Etwa 247,7 Erdenjahre	**Atmosphäre** Vermutlich Methan, Stickstoff
Umlaufgeschwindigkeit Etwa 18 000 km/h	**Monde** 1
Durchmesser 2285 km	**Ringe** 0

Plutos exzentrische Bahn

Plutobahn

Neptunbahn

Sonne

Pluto weist die größte Bahnexzentrizität aller Planeten auf. Der sonnennächste Punkt seiner extrem gegen die Ekliptik geneigten Bahn liegt bei 4,44 Milliarden km Entfernung, der sonnenfernste dagegen bei 7,4 Milliarden km. Während seines knapp 248 Jahre dauernden Umlaufs kommt er 20 Jahre lang näher an die Sonne als Neptun; zuletzt geschah das zwischen 1979 und 1999.

Leute — Clyde Tombaugh

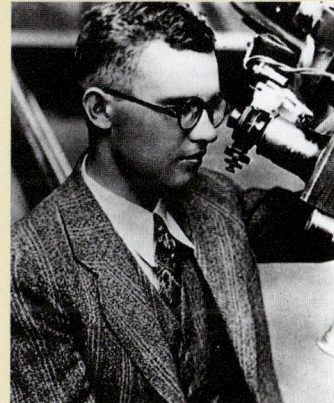

Clyde Tombaugh entdeckte Pluto.

Der amerikanische Astronom Percival Lowell berechnete, dass es einen neunten Planeten geben muss. Die Gravitation eines solchen Planeten würde Unregelmäßigkeiten in den Bahnen von Uranus und Neptun erklären. 1905 begann die Suche nach diesem Planeten. Bis zu Lowells Tod im Jahre 1916 blieb sie freilich erfolglos. Dreizehn Jahre später beauftragte das Lowell-Observatorium in Arizona Clyde Tombaugh mit der Suche. Im Februar 1930 entdeckte er, nachdem er bereits Hunderte von Sternen überprüft hatte, einen Lichtfleck, der sich bewegt hatte. Auf Vorschlag der 11jährigen Venetia Burney bekam der Planet den Namen Pluto. Tombaugh fand ihn, wo Lowell ihn verausgesagt hatte. Heute wissen wir aber, dass seine **Gravitation** viel zu gering ist, um die Bahnen von Uranus und Neptun zu beeinflussen.

Venetia Burney fand den Namen.

Wie sieht es da aus? — Auf Charon

Auf einen Besucher von der sonnigen Erde würde Charon wenig einladend wirken. Auch wenn noch niemand die Oberfläche dieses Mondes gesehen hat – es dürfte sich hierbei um eine öde Eiswüste handeln. Charon wendet seinem gefrorenen Zwilling Pluto immer dieselbe Seite zu. In dieser Entfernung hat die Sonne nur wenig Kraft. Von hier aus sieht sie eher aus wie ein heller, entfernter **Stern.** Sie spendet der gefrorenen kleinen Welt so wenig Licht, dass auf Charon ewige Nacht herrscht.

Planetoiden Klein-planeten

Vor etwa 200 Jahren begannen Astronomen, nach einem „fehlenden Planeten" zwischen Mars und Jupiter zu suchen. Zu ihrer Überraschung fanden sie aber nicht einen großen Planeten, sondern unzählige kleinere Gesteinsbrocken, die sie **Planetoiden** oder Asteroiden nannten.

Zuerst wurde Ceres *(unten)* entdeckt, der größte Planetoid mit einem Durchmesser von 1023 km. Heute wird angenommen, dass es mehr als eine Million Planetoiden gibt; die meisten sind aber zu klein, um von der Erde aus gesehen werden zu können. Ihre gesamte Masse ist geringer als die des irdischen **Mondes.**

Gelegentlich stoßen einzelne Planetoiden zusammen. Dann zerbersten sie in kleinere Teile oder verbinden sich zu neuen unregelmäßigen Formen. Gelegentlich erreichen Bruchstücke dieser Himmelskörper die Erdatmosphäre, wo sie als **Meteoriten** niedergehen.

Leute — Giuseppe Piazzi

Licht weitergezogen! Zuerst dachte Piazzi, es würde sich hierbei um einen **Kometen** handeln. Nach drei Wochen war er dann aber überzeugt, den zwischen Mars und Jupiter vermuteten Planeten gefunden zu haben. Tatsächlich hatte er aber den ersten Planetoiden *(links)* entdeckt, den er Ceres nannte.

Am 1. Januar 1801 hatte der italienische Astronom Giuseppe Piazzi *(rechts)* sein Teleskop auf das Sternbild Stier gerichtet. Plötzlich entdeckte er ein Licht, das nicht auf seiner Sternkarte verzeichnet war. Am nächsten Abend war dieses

Planetoidenklassen

Planetoiden können unterschiedlich beschaffen sein. Einige bestehen aus Gesteinsarten, die auch auf der Erde vorkommen. Andere enthalten viel Kohlenstoff, der ihnen ein äußerst dunkles Aussehen verleiht. Wieder andere bestehen zum großen Teil aus Metallen oder stellen eine Kombination all dieser Materialien dar. Die Planetoiden lassen sich in verschiedene Klassen einteilen, von denen nachfolgend die drei wichtigsten beschrieben sind.

C-Planetoid

Davida

Die C-Planetoiden enthalten viel Kohlenstoff. Es handelt sich hierbei um die dunkelsten Planetoiden, weil Kohlenstoff nur wenig Licht reflektiert. C-Planetoiden wie Davida *(links)* sind die häufigsten; sie überwiegen im äußeren **Planetoidengürtel.**

M-Planetoid

Psyche

Die häufig silbergrauen M-Planetoiden wie Psyche *(links)*, die die dritthäufigste Klasse darstellen, bestehen zum großen Teil aus Metallen. Sie sind überwiegend in der Mitte des Planetoidengürtels zu finden. Sie können das Licht gut reflektieren und sind die hellsten Planetoiden.

S-Planetoid

Eunomia

Die rötlichen S-Planetoiden bestehen großenteils aus Silikaten, die auch 80 Prozent der Erdkruste ausmachen. Die S-Planetoiden, z. B. Eunomia *(links)*, überwiegen im inneren Planetoidengürtel.

Benachbarte Planetoiden

Die meisten Planetoiden befinden sich zwischen Mars und Jupiter im Planetoidengürtel. Sie weisen Umlaufbahnen in Laufrichtung der Planeten auf und umkreisen die Sonne in drei bis sechs Erdenjahren. Einige Planetoiden befinden sich aber auch außerhalb dieses Gürtels. Zwei Gruppen, die Trojaner, befinden sich auf der Jupiterbahn. Die Amor-Planetoiden kreuzen die Marsbahn. Ferner gibt es die Apollo- und Aten-Planetoiden, die auf sehr **elliptischen** Bahnen kreisen, die Erdbahn kreuzen und der Erde dabei äußerst nahe kommen können. Du brauchst aber keine Angst zu haben: Zu einem Zusammenstoß zwischen einem Planetoiden und der Erde kommt es im Durchschnitt nur alle 250 000 Jahre!

Stell dir vor!

Würde es dir gefallen, wenn ein Planetoid deinen Namen trägt? Viele Planetoiden sind nach bekannten Persönlichkeiten benannt, z. B. nach Rockstars wie Jerry Garcia oder Ringo Starr. Einer heißt sogar Mr. Spock, nach der bekannten Figur aus *Star Treck*. Ein weiterer wurde zu Ehren des französischen Schriftstellers Antoine de Saint-Exupéry benannt. In seinem Buch *Der kleine Prinz* lebt die Hauptfigur auf dem Planetoiden B-612 (unten). Planetoiden erhalten eine laufende Nummer und einen Namen, sobald ihre Bahnen beschrieben werden können.

Hast du das gewusst?

Planetoid mit eigenem Mond

Als die Raumsonde *Galileo* im August 1993 den wie eine Kartoffel geformten Planetoiden Ida passierte, stellte sich Erstaunliches heraus: Ida hat einen Mond! Der Mond erhielt den Namen Daktyl; in der griechischen Mythologie waren die Daktylen Dämonen, die auf dem Berg Ida auf Kreta lebten. Möglicherweise haben auch andere Planetoiden Monde.

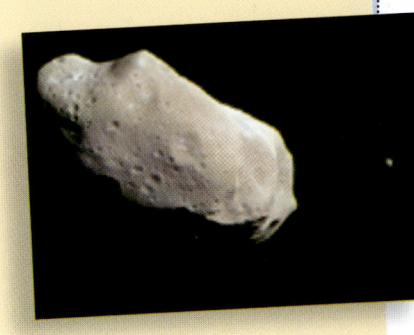

Komet Schmutziger Schneeball

Kuiper-Ring

Oortsche Wolke

Die **Kometen** mit ihrem langen, leuchtenden Schweif können uns am Nachthimmel einen spektakulären Anblick bieten. Tatsächlich bestehen sie aber nur aus Staub und Eis; sie werden auch „schmutzige Schneebälle" genannt. Die meisten stammen aus den entferntesten, kältesten Regionen des **Sonnensystems** und werden von den Gravitationskräften der Gasriesen beeinflusst.

In regelmäßigen Abständen kommen Kometen in die Nähe der Sonne. Dabei erwärmen sie sich und es wird **Gas** und **Staub** verdampft, woraus der riesige Schweif entsteht. Ein Kometenschweif kann viele Millionen Kilometer lang werden!

Die Kometen umkreisen die Sonne in **elliptischen** Bahnen, und zwar kurzperiodische Kometen in drei bis 200 Jahren. Langperiodische Kometen dagegen nähern sich der Sonne – und der Erde – nur einmal in Hunderten, Tausenden oder sogar Millionen von Jahren.

Heimat der Kometen

Die Kometen legen im Sonnensystem gewaltige Entfernungen zurück. Manche kommen aus dem **Kuiper-Ring,** einer Region jenseits des Neptun, die auf der Bahnebene der Planeten liegt. Die meisten Kometen stammen aber aus der **Oortschen Wolke,** einer eisigen Sphäre, die wohl die Grenze des Sonnensystems bildet. Etwa einmal in einer Million Jahren werden Kometen aus der Oortschen Wolke durch einen vorüberziehenden Stern abgelenkt – einige dabei aus dem Sonnensystem heraus, andere in Richtung auf die Sonne zu.

Leute — Edmond Halley

Der bekannteste aller Kometen ist der Halleysche Komet. Er trägt seinen Namen nach dem britischen Astronomen Edmond Halley *(unten).* Im Jahre 1705 erkannte er, dass es sich bei den Kometen der Jahre 1531, 1607 und 1682 um dasselbe Objekt handelte. Er sagte die

Wiederkehr des Kometen für das Jahr 1759 voraus und behielt Recht. Er erlebte diese Wiederkehr aber nicht mehr; Halley starb 1742.

Der Halleysche Komet hat die Erde zuletzt 1986 passiert *(oben);* 2062 wird er wieder zu sehen sein. Durch das Studium historischer Quellen gelangten die Astronomen zu der Auffassung, dass der Halleysche Komet seit mindestens 240 v. Chr. alle 76 Jahre am Himmel zu sehen ist.

Böses Omen

Seltsam aber wahr!

Lange Zeit galt das Erscheinen eines Kometen den Menschen als böses Omen. Beispielsweise wurde in Deutschland das Auftreten zweier Kometen im Jahre 1472 für eine Reihe von Katastrophen verantwortlich gemacht – für eine Dürre, einen Krieg und für die Pest *(links).* Auch die Niederlage von Attila, die Ermordung Julius Cäsars und der Sturz Montezumas wurden mit dem Erscheinen von Kometen in Verbindung gebracht.

Hale-Bopp

Der 1997 sichtbare Komet Hale-Bopp wurde zwei Jahre zuvor von dem amerikanischen Astronomen Alan Hale und dem Amateurastronomen Thomas Bopp entdeckt. Der Komet kam uns nicht näher als etwa 190 Millionen km, war aber sehr hell. Er wird erst in 2380 Jahren zu sehen sein.

Woher kommt der

Name?

Schneeball

Im Jahre 1950 hat der amerikanische Astronom Fred Whipple *(unten)* einen Kometen erstmals als „schmutzigen Schneeball" beschrieben. Er hatte nämlich erkannt, dass Kometen nur aus Eis und Staub bestehen. Erst 36 Jahre später konnte seine Theorie durch Raumsonden bestätigt werden.

Mit einem Eisbrocken und mit Holzkohle zeigt Fred Whipple seinen Studenten, wie ein Komet tatsächlich aussehen dürfte.

Ionen

Staub

Hast du das gewusst?

Die Reise eines Kometen

Die meiste Zeit verbringt ein **Komet** als trister Brocken aus schmutzigem Eis im äußeren **Sonnensystem** hinter der Bahn des Neptun. Wenn er aber das innere Sonnensystem erreicht, bietet er einen schönen, leuchtenden Anblick.

Passiert ein solcher Komet die Jupiterbahn, erwärmt ihn die Sonne; ein Teil seines Eises wird dann zu **Gas,** das zusammen mit Staubpartikeln abgestoßen wird.

Nähert sich der Komet mehr und mehr der Sonne, entsteht aus dem Gas und **Staub** eine riesige Koma, ein leuchtender Halo um den Kometen. Der Eisbrocken bildet nun den **Kern** des Kometen.

Wenn der **Sonnenwind** (Seite 52) auf das Gas des Kome-ten trifft, entstehen **Ionen**. Aus diesen bildet sich der Ionenschweif, einer der beiden Kometenschweife. Der zweite entsteht aus den Staubteilchen, die der Kern des Kometen abgibt, und heißt Staubschweif.

Der Kern eines Kometen misst vielleicht nur wenige Kilometer, seine Koma dabei aber bis zu 1 Million km, während sich sein Schweif bis zu 100 Millionen km erstrecken kann; das entspricht fast der Entfernung der Venus zur Sonne.

Wann immer ein Komet der Sonne nahe kommt, verliert er einen gewissen Teil seiner **Masse.** Mit der Zeit wird er folglich so klein, dass er nicht mehr leuchtet und dann nur noch ein kleiner, dunkler **Planetoid** ist.

Der Kometenkern

Im Jahre 1986 konnte die europäische Raumsonde *Giotto* Bilder des Halleyschen Kometen zur Erde funken und hat damit erstmals den direkten Blick auf einen Kometenkern ermöglicht *(oben links)*. Halleys Kern ist etwa 16 km lang und 8 km breit und hat die Form einer Erdnuss. Auf seiner der Sonne zugewandten Seite entstehen gewaltige Staub- und Gasströme. Die Computeranimation *(oben rechts)* zeigt, wie der Komet ohne seine Hülle aus Staub und Gasen aussehen würde. Er hat eine unregelmäßige Oberfläche mit Anhöhen und Ebenen. In seiner Mitte erhebt sich ein kleiner, 396 m hoher Hügel. Der Komet rotiert in etwa zwei Erdentagen um seine **Achse.**

Koma

Kern

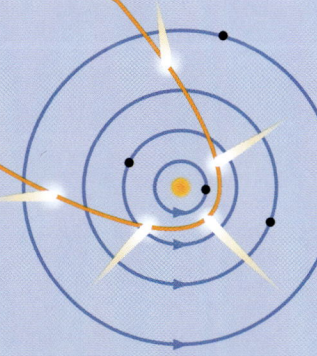

Warum zeigt ein Kometenschweif immer von der Sonne weg?

Die Sonne beeinflusst die Richtung des Schweifs eines Kometen. Häufig haben Kometen zwei Schweife – den Ionen- und den Staubschweif. Der Ionenschweif gleicht einem riesigen Windsack. Bedingt durch den Sonnenwind weist er stets von der Sonne weg. Die Entstehung des Staubschweifs liegt in der Sonnenstrahlung begründet. Auch wenn der Komet die Sonne umrundet und den Rückweg in die Tiefen des Sonnensystems angetreten hat, weist sein Schweif weiterhin von der Sonne weg. Er fliegt nun mit dem Schweif voran!

Meteoriten Meteore und Meteoroiden

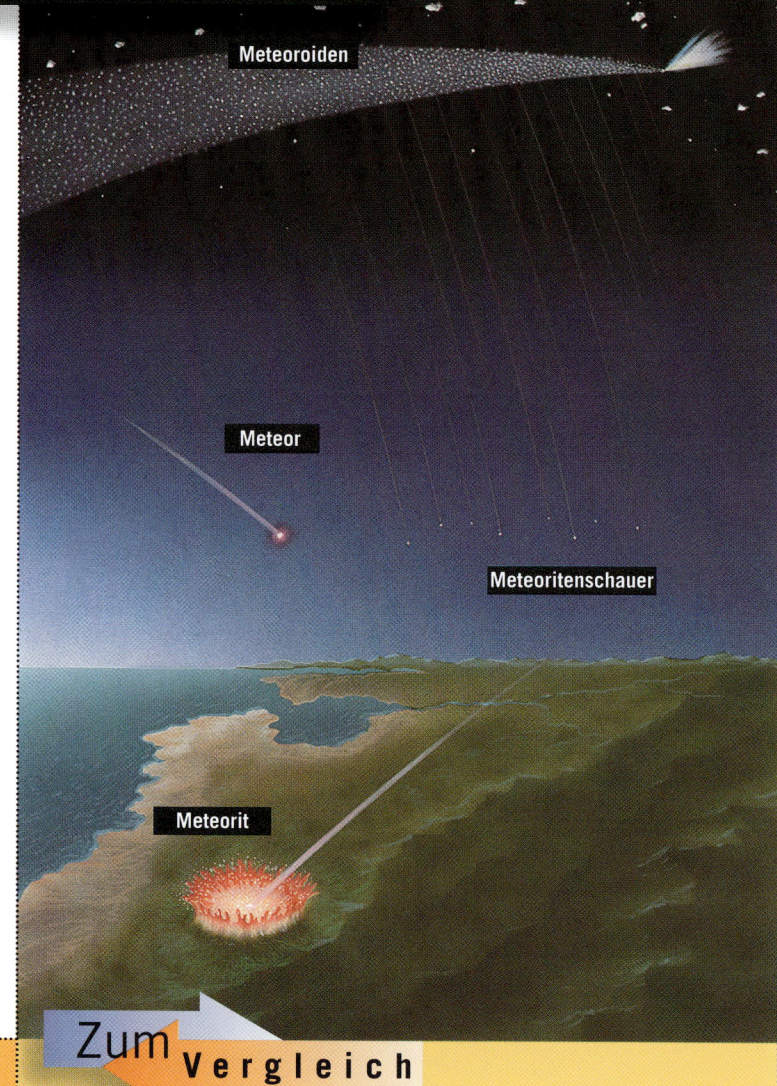

Am 26. April 1803 gingen über der französischen Stadt Laigle mehr als 3000 winzige Gesteinsbrocken nieder. Nachdem dieser ungewöhnliche Niederschlag geendet hatte, konnten die erschrockenen Einwohner viele **Meteoriten** einsammeln.

Jeden Tag treten viele Millionen Teilchen kosmischer Materie in unsere **Atmosphäre** ein. Es handelt sich dabei zum Teil um Überreste von **Kometen** oder **Planetoiden,** deren Größe von der eines Staubkorns bis zu einem Gesteinsbrocken von mehreren Kilogramm Gewicht reicht.

Im Verlauf eines Jahres gehen etwa 400 000 Tonnen Materie auf die Erde nieder. Man redet in diesem Zusammenhang von **Meteoroiden,** das sind die Himmelskörper selbst, von **Meteoren,** wenn diese Körper in der Atmosphäre verglühen, und schließlich von Meteoriten, wenn die Körper den Erdboden erreichen.

Selten wird man tatsächlich Zeuge eines Meteoritenaufschlags. Michelle Knapp aus Peekskill (New York) war dieses seltene Schauspiel am Abend des 9. Oktober 1992 beschieden, als ein Meteorit den Kofferraum ihres geparkten Autos zerschmetterte.

Wie groß?

Der größte Meteorit

Der größte bekannte Meteorit wurde 1920 bei Hoba West in Namibia gefunden. Dieser etwa 59 Tonnen schwere Gesteinsbrocken ging in vorgeschichtlicher Zeit nieder und liegt noch heute an seiner Aufschlagsstelle. Er ist 2,70 m lang und 2,40 m breit. Wäre er noch etwas größer gewesen, wäre er wahrscheinlich in der Atmosphäre in Stücke gebrochen.

Zum Vergleich

Der Name sagt alles

Die meisten Meteoroide verbleiben im Weltraum. Doch ein Teil dieser Überreste von Planetoiden und Kometen wird durch die **Gravitation** der Erde „eingefangen". In der Atmosphäre erhitzen sie sich dann und beginnen zu verglühen, wobei eine Leuchtspur sichtbar wird. Man spricht in diesem Fall von Meteoren oder „Sternschnup-

pen". Wenn mehrere Meteore innerhalb eines kurzen Zeitraums niedergehen, haben wir es mit einem Meteoritenschauer zu tun.

Meteore sind meist nur wenige Sekunden sichtbar. Größere Brocken können allerdings auch die Erde erreichen und werden dann Meteoriten genannt.

Meteoritenschauer und Stürme

In einer klaren Nacht lassen sich pro Stunde etwa zehn Meteore beobachten. Zu manchen Zeiten des Jahres *(rechts)*, wenn die Erde die Bahn bestimmter Kometen kreuzt, treten so viele Meteore auf, dass es „herabzuregnen" scheint. Zu einem bekannten Meteoritenschauer kommt es stets im August, wenn die Erde die Bahn des Kometen Swift-Tuttle kreuzt. Dann sind stündlich 50 Meteore und mehr zu erkennen. In seltenen Fällen wird aus einem Schauer auch ein Sturm mit Tausenden von Meteoren.

Am 13. November 1833 *bot der Nachthimmel während eines Meteoritensturms einen spektakulären Anblick (links).*

Zeit des Maximums	Name des Meteorstroms	Meteorzahl pro Stunde	Ursprungskomet
3. Jan.	Quadrantiden	40	Unbekannt
21. April	Lyriden	8	1861 I
5. Mai	Eta-Aquariden	12	Halley
3. Aug.	Delta-Aquariden	20	Unbekannt
12. Aug.	Perseiden	50	Swift-Tuttle
9. Okt.	Draconiden	500	Giacobini-Zinner
19. Okt.	Orioniden	16	Halley
31. Okt.	Tauriden	6	Encke
17. Nov.	Leoniden	6*	Tempel
12. Dez.	Geminiden	60	3200 Phaethon

*Alle 33 Jahre können bis zu 1000 Meteore pro Minute auftreten.

Feuerbälle

Am 10. August 1972 ist ein besonders heller Meteor („Feuerball") in den oberen Schichten der Atmosphäre aufgetreten. Die Abbildung zeigt ihn über der Teton Range im US-Bundesstaat Wyoming. Der Meteoroid könnte ca. 1000 Tonnen gewogen haben. Zum Glück ist er von der Erdatmosphäre wie ein Stein auf dem Wasser „abgesprungen" und ins Weltall zurückgekehrt.

Einschläge

Etwa alle 10 000 Jahre schlägt auf der Erde ein wirklich großer **Meteorit** ein. Auf ihrem Weg durch die **Atmosphäre** erreichen diese gewaltigen „Bomben" Geschwindigkeiten von bis zu 15 km pro Sekunde und bringen spektakuläre Leuchterscheinungen hervor. Wenn sie den Erdboden erreichen, schlagen sie mit gewaltiger Kraft auf.

Zum Glück richten die meisten dieser großen Meteoriten nur örtliche Schäden an. In seltenen Fällen kollidiert die Erde aber mit einem so großen **Meteoroiden,** dass es zu einer globalen Katastrophe kommt – ein solches Ereignis könnte vor 65 Millionen Jahren zum Aussterben der Dinosaurier geführt haben.

Es gibt über 2000 große **Planetoiden** und **Kometen,** die die Bahn der Erde kreuzen und eines Tages mit unserem **Planeten** zusammenstoßen können. Wissenschaftler versuchen, die Bahnen dieser erdnahen Himmelskörper genauestens zu berechnen. Auch wird nach Wegen gesucht, diese Objekte zu zerstören, bevor sie auf der Erde aufschlagen.

Wie klein?

Mikrokrater

Winzige **Krater** – auch mikroskopisch kleine – sehen aus wie die großen. Das Bild links zeigt ein winziges, 100fach vergrößertes Mondkorn aus einer glasartigen Substanz. Der Mikrokrater entstand, als das Objekt von einem noch kleineren kosmischen Staubteilchen getroffen wurde.

Entstehung eines Kraters

Meteoritenkrater sind nicht nur „Löcher im Boden". Ihre Form ist das Ergebnis eines gewaltigen Aufschlags. Nachfolgend wird erklärt, wie ihre einzigartige Form entsteht.

1 Wenn ein Meteorit einschlägt, pflanzen sich starke Schockwellen *(weißer Bogen)* im Boden fort und pulverisieren die Oberfläche. Staub und Gesteinsbrocken werden dabei emporgeschleudert wie Wasserspritzer.

Ein Meteorit zerspringt sofort in kleinere Stücke. Durch die Hitze schmilzt ein Teil dieses Himmelskörpers ebenso wie der Boden unter ihm, und der Krater füllt sich mit rotglühendem Gestein.

2

3 Wenn die Schockwellen abklingen, hat der Krater seine endgültige Größe erreicht. Aus Gestein und Staub entsteht der erhöhte Rand. Gelegentlich hebt sich der Boden in der Kratermitte und bildet so eine Felsspitze.

Diese entstehende Felsspitze übt einen Zug auf die Seiten aus. Dadurch rutschen die Wände nach innen nach und erhalten ihre charakteristisch abgestufte Form.

4

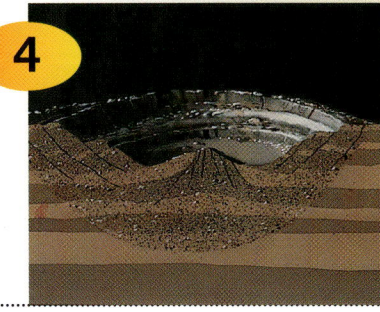

Ein harter Schlag

Wissenschaftler nehmen an, dass Meteoriten auf der Erde etwa 100 riesige Krater gerissen haben; einer davon ist der Meteor Crater in Arizona *(unten)*. Vor etwa 50 000 Jahren schlug dort ein 300 000 Tonnen schwerer Meteorit ein und hat diesen 167 m tiefen und fast 1200 m durchmessenden Krater hinterlassen. Die größten Krater der Erde lassen sich nur vom Weltraum aus überblicken. Bei dem Manicouagan Reservoir *(rechts)* in Kanada handelt es sich um einen 200 Millionen Jahre alten und 66 km großen Krater.

Wo sind die Dinosaurier?

Die Dinosaurier sind vor 65 Millionen Jahren plötzlich ausgestorben. Was war passiert? Eine Theorie besagt, dass ein Komet oder Planetoid die Ursache dafür war. Als er einschlug, explodierte er mit einer solchen Wucht, dass gewaltige Mengen an Staub in die **Atmosphäre** geschleudert wurden. Viele Monate dürfte das Sonnenlicht den Staub nicht durchdrungen haben; es wurde dunkel und kalt. Unter diesen Bedingungen sind etwa 80 Prozent des pflanzlichen und tierischen Lebens erloschen.

Tunguska-Meteorit

Am Morgen des 30. Juni 1908 sahen die Menschen im Flussgebiet der Mittleren Tunguska (Zentralsibirien) einen bläulichweißen Blitz über den Himmel rasen. Kurz darauf hörten sie eine gewaltige Explosion. Die Druckwelle war noch in 60 km Entfernung deutlich zu spüren. Bei dieser Explosion kam niemand ums Leben, aber noch in 18 km Entfernung wurden Bäume entwurzelt. Man vermutet, dass ein Planetoid oder Komet in die Atmosphäre eingedrungen war und in der Luft explodiert ist. Jedenfalls konnte niemals ein Einschlagskrater gefunden werden.

Was ist Astronomie?

Astronomie ist die Wissenschaft von den **Sternen, Planeten, Kometen** und anderen Himmelskörpern. Sie untersucht bestimmte Regionen des Weltalls sowie das Universum als Ganzes. Astronomie gehört zu den ältesten Wissenschaften.

Sterne wurden schon beobachtet, als man noch keine Uhren, Kalender, Kompasse oder Gezeitenkarten kannte. Bevor es diese Geräte gab, mussten die Menschen die Bewegungen der Sterne und anderer Himmelskörper beobachten, um die Tages- oder Jahreszeit sowie die Himmelsrichtung zu bestimmen, auch um Ebbe oder Flut vorhersagen zu können.

Heute gibt es dafür hochempfindliche Messgeräte. Wenn du aber auf einer einsamen Insel strandest, könnte dir ein Crashkurs in **Astronomie,** den du vorher absolviert hast, gute Dienste leisten! Astronomen kartografieren den Weltraum und zeichnen die Bewegung der Himmelskörper auf. Sie vermessen das Universum und diskutieren seinen Ursprung. Die Astronomie ist heute viel komplexer als in der Frühzeit. Aber Astronomen bauen stets auf den Kenntnissen ihrer Vorgänger auf.

Woher kommt der Name?

Astronomie

Das Wort „Astronomie" entstammt dem Griechischen. „Astron" bedeutet danach Stern, „Nomos" das Gesetz. Vielleicht waren die ersten Astronomen Hirten, die die Position der Sterne und anderer Himmelskörper beobachteten, um so den Wechsel der Jahreszeiten vorhersagen zu können.

Erste Kalender

In den alten Kulturen wurde die Zeit zumeist nach dem Mond bestimmt. Für die Ägypter stellte ein Monat die 29 oder 30 Tage von einem Neumond zum nächsten dar. Ihr Kalender *(rechts)* teilte das Jahr in drei Abschnitte mit je vier Monaten *(Kreise)*. Das Jahr begann, wenn Sirius vor der Dämmerung im Osten sichtbar war. Dann war die Zeit der Nilüberschwemmung gekommen. Für die Bauern bedeutete dies, die Aussaat vorzunehmen.

Bronzestatuette der Göttin Isis mit einem Stern als Kopfschmuck.
Für die alten Ägypter stellte Isis den Menschengestalt angenommenen Hundsstern Sirius dar.

Frühe Rekordhalter

Ihren Schülern sagen Lehrer gerne: „Schreibt mit!" und pflegen damit die Gewohnheit der Babylonier. Dieses alte Volk baute eine frühe Hochkultur auf, die um etwa 3000 v. Chr. entstand. Sie haben ihre astronomischen Beobachtungen mit viel Sorgfalt auf Tontafeln festgehalten *(rechts)*. Die Übersetzung ihrer Keilschrift hat erstaunlich genaue Aufzeichnungen über die Bewegung der Venus und anderer Planeten offenbart, auch über die Mondphasen, die **Finsternisse** usw. Mithilfe ihrer astronomischen Kenntnisse konnten die Babylonier u. a. den Neumond voraussagen und so ihre Festtage, den Zeitpunkt für die Aussaat,

das Anpflanzen und die Ernte ihrer Feldfrüchte festlegen. Lange später hat der griechische Astronom Hipparch die babylonischen Aufzeichnungen zu Hilfe gezogen, um die Präzession der Erde (die Schwankung der Erdachse) zu berechnen.

Hipparch, der Begründer der wissenschaftlichen Astronomie, lebte um etwa 150 v. Chr. Durch sorgfältige Beobachtungen des Nachthimmels konnte er die Zahl der namentlich bekannten Sterne auf über 850 erhöhen. Dieses Bild soll zeigen, wie er durch ein einfaches Rohr die Sterne betrachtet.

Leute — Benjamin Banneker

Benjamin Banneker war der erste afroamerikanische Astronom. Sein Interesse an der Astronomie erwachte, als er 40 Jahre alt war. Ein Nachbar hatte ihm 1771 zwei Bücher über Astronomie, ein Teleskop und Zeichengeräte geliehen. Schon bald konnte er die Position vieler Sterne und Planeten bestimmen. Er hat sogar schon eine **Sonnenfinsternis** vorausgesagt, was zu jener Zeit ein Bravourstück darstellte. Von 1792 an hat er seine Erkenntnisse veröffentlicht und damit großen Erfolg gehabt. Was er schrieb, war für Seeleute, Landwirte und andere Berufsgruppen ein wichtiges Hilfsmittel.

Was sind Astronomen?

Astronomen untersuchen, woraus Himmelskörper bestehen und wie sie sich bewegen. Die Astronomin Sandra Faber hat sich auf **Galaxien** spezialisiert – wie sie aussehen und wie schnell sie sich bewegen. Heute ermöglichen leistungsfähige Teleskope den genaueren Blick ins Universum.

Vom Weltraumteleskop Hubble *(Seite 106)* aufgenommene Bilder geben ihr Einblick in die Zentren ferner Galaxien, wo sie schwarze Löcher vermutet. Ein solches Forscherleben kann übrigens auch gefährlich sein: Vor Jahren stürzte sie von einer Teleskopplattform.

Frühe Observatorien

S tell dir vor, es gäbe keine Uhren oder Kalender. Woher wüsstest du, wie spät es ist oder welchen Monat wir haben? Besonders dort, wo sich die Temperaturen im Lauf eines Jahres nur geringfügig ändern, ist die Bestimmung der Jahreszeit schwer.

Für die frühen Kulturen war das eine große Herausforderung. Bald hatte man aber entdeckt, dass die Bewegung der Himmelskörper einem regelmäßigen Muster folgt und dass man an ihrer jeweiligen Position den Lauf der Zeit bestimmen kann. Beispielsweise steht die Sonne zu verschiedenen Zeiten des Jahres unterschiedlich hoch am Himmel. Später wurden Bauwerke errichtet, die genau auf die Sonne, den Mond oder die **Sterne** ausgerichtet waren. Betrachte diese ersten Observatorien, dann wirst du die astronomischen Berechnungen bewundern können, die mithilfe dieser Bauwerke möglich waren.

Das Geheimnis der Steine

Stonehenge, die berühmteste vorgeschichtliche Ruinenstätte Englands, birgt nach wie vor große Geheimnisse. Niemand kann mit Sicherheit sagen, wozu dieses vor etwa 4000 Jahren errichtete Monument diente. Möglicherweise wurde dort der Ablauf der Jahreszeiten genau verfolgt. Wenn du in der Mitte des Steinkreises stehst, erhebt sich die Sonne zu den unterschiedlichen Jahreszeiten über verschiedenen Steinen. Denn bekanntlich ändert die Sonne im Jahreslauf ihre Position über dem Horizont. Auf dem Bild kündet der Stand der Sonne vom Sommeranfang – es ist der Tag der Sommersonnenwende!

Sonnenrad

D as Bighorn Medicine Wheel *(unten)* war ein Kalender aus Steinen, den einst die Indianer in den Bighorn Mountains in Wyoming errichtet haben. Gemäß dem jährlichen Lauf der Sonne und dreier weiterer Sterne – Aldebaran, Sirius und Rigel – hatten die Indianer Steinhaufen errichtet. Zur Zeit der Sommer- und der Wintersonnenwende, wenn die Sonne am höchsten bzw. am tiefsten steht und so den Sommer bzw. Winter ankündigt, geht sie über jeweils verschiedenen Haufen auf.

Alte Sternwarten

KOREA

In alten Zeiten wurden die Sterne mit bloßem Auge aus einfachen Steinmonumenten beobachtet. Das älteste noch erhaltene Observatorium der Welt ist die Sternwarte Ch'omsong-dae in Kyongju (Südkorea). Dieses im Jahre 647 n. Chr. fertiggestellte Gebäude ist nicht mehr als ein steinerner Turm mit einem offenen Dach darüber.

MEXIKO

Dieser Rundbau („Caracol") in Chichén Itzá (Mexiko), der etwa um 1000 n. Chr. erbaut wurde, könnte ein Observatorium der Maya gewesen sein. Im Innern führt eine Wendeltreppe zu einer Reihe von Fenstern, die entsprechend dem Stand der Sonne im Jahreslauf angeordnet sind.

INDIEN

Das Observatorium im indischen Jaipur *(links)* ist 1738 fertiggestellt worden. Das Gebäude enthält verschiedene bauliche Komponenten, u. a. auch eine Sonnenuhr, bei der der Schatten einer stufig angeordneten Säule die Zeit je nach Stand der Sonne anzeigt. Nachts dient das Observatorium der Beobachtung der Sterne.

Seltsam aber wahr!

Dolche und Schlangen

Nicht alle Observatorien älterer Kulturen waren besonders groß. 1977 wurde im Chaco Canyon in New Mexico ein spiralförmig zugehauener Felsen gefunden, der ein Zeugnis der vorgeschichtlichen Anasazi-Indianer ist. Mittags zur Sommersonnenwende „durchbohrte" ein Dolch aus Licht diese Felsspirale.

Nicht weniger spektakulär wirkt die Schlange, die durch den Schatten auf den Stufen einer Mayapyramide in Mexiko hervorgerufen wird. Am Fuß der Stufen ist der Kopf der Schlange in den Stein gehauen. Zweimal im Jahr verleiht die Sonne der Schlange einen Körper: Der Pyramidenbau wurde so angeordnet, dass der Schlangenkörper bei Tag- und Nachtgleiche jeweils bei Sonnenuntergang durch Licht und Schattenwurf ausgebildet wird.

Vorstellungen vom All

Wenn du nachts die **Sterne** über den Himmel ziehen siehst, scheint die Erde stillzustehen, während sich alle anderen Himmelskörper um sie drehen. So sahen es in der Frühzeit auch die Astronomen.

Tausende von Jahren hatte die Wissenschaft ein geozentrisches Bild vom Universum, mit der Erde als dessen Mittelpunkt. Dieses Weltbild ist in der Spätantike von dem griechischen Astronomen Ptolemäus ausführlich beschrieben worden. 1400 Jahre nach Ptolemäus hat der polnische Astronom Nikolaus Kopernikus dieses Weltbild erschüttert. Er stützte sich bei seinen Annahmen auf die Theorien des griechischen Astronomen Aristarchos (310–230 v. Chr.), der die Behauptung aufgestellt hatte, dass sich alle Planeten, auch die Erde, um die Sonne bewegen. Dieses Weltbild wird als das heliozentrische oder Kopernikanische System bezeichnet.

Das Weltbild des Kopernikus war ein enormer Fortschritt, nur wollten die Menschen dies nicht wahrhaben. Kopernikus hatte auch die Katholische Kirche gegen sich, für die dieses Weltbild im Widerspruch zu ihren Dogmen stand. Es dauerte noch weitere hundert Jahre, bis sich die neue Sicht allgemein durchsetzte.

Nach dem Ptolemäischen Weltbild *(oben)* bewegen sich Sonne, Mond und die Planeten auf Kreisbahnen um die Erde. Diese Objekte und alle Fixsterne dachte sich Ptolemäus innerhalb einer riesigen Himmelskugel. Begrenzt von der Fixsternsphäre beschreiben die Planeten bei ihrem Lauf um die Erde außerdem kleine Kreise, die so genannten Epizykel.

Die Sonne hat die Hauptrolle

Kopernikus *(rechts)* stellte nicht mehr die Erde, sondern die Sonne in die Mitte des Universums. Diese aus dem 17. Jahrhundert stammende Zeichnung *(links)* zeigt die Erde, die mit dem Mond als einer der sechs bekannten **Planeten** um die Sonne kreist. Kopernikus konnte bereits die richtige Reihenfolge der Planeten angeben – Merkur und Venus zwischen Erde und Sonne, Mars, Jupiter und Saturn dagegen außerhalb.

Tycho Brahe

Der dänische Astronom Tycho Brahe war der bedeutendste Sternbeobachter vor der Erfindung des Teleskops. Mit Unterstützung des dänischen Königs errichtete er ein Observatorium *(unten),* in dem er 20 Jahre arbeitete. Seine Aufzeichnungen dienten späteren Astronomen dazu, das heliozentrische System des Kopernikus zu überprüfen. Brahe lehnte das Kopernikanische Weltbild ab, verbesserte aber das Ptolemäische System. Für ihn kreisten Sonne und Mond noch immer um die Erde, alle anderen Planeten aber um die Sonne. (Eine unwichtige, aber interessante Information über Tycho Brahe ist, dass seine Nase bei einem Duell gespalten wurde. Für den Rest seines Lebens trug er deshalb einen Nasenschutz aus Metall.)

Kepler

Johannes Kepler, ein deutscher Mathematiker und Astronom, war der letzte Assistent und Nachfolger von Tycho Brahe. Anders als dieser war Kepler ein Anhänger des Kopernikanischen Systems. Basierend auf den Aufzeichnungen Tychos formulierte er seine Planetengesetze, die Keplerschen Gesetze. Das erste besagt, dass alle Planeten auf **elliptischen** Bahnen um die Sonne kreisen. Im zweiten heißt es, dass die Umlaufgeschwindigkeit der Planeten sich mit der Entfernung zur Sonne ändert. Im dritten Gesetz wird die Umlaufzeit der Planeten mit ihrer Entfernung zur Sonne in Verbindung gebracht. Keplers Arbeiten haben das Ptolemäische System widerlegt. Doch hatte er auch einige seltsame Ideen: Er glaubte z. B., dass die Umlaufgeschwindigkeiten der Planeten musikalisch wiedergegeben werden könnten *(unten).*

Galileis Beobachtungen

Im Jahre 1609 hat der italienische Astronom Galileo Galilei als Erster ein Teleskop *(links)* auf den Himmel gerichtet und seine Beobachtungen niedergeschrieben. Zum ersten Mal wurden Dinge sichtbar, die das bloße Auge nicht wahrnehmen kann. Mithilfe seines Teleskops konnte Galilei das Ptolemäische System endgültig widerlegen. Dabei hatte er aber einen mächtigen Feind: die Katholische Kirche. 1633 musste er seine Lehren widerrufen und den Rest seines Lebens unter Hausarrest verbringen. Erst 1992 hat die Kirche zugegeben, dass Galilei im Recht war!

Optische Teleskope

A ls der italienische Astronom Galilei im Jahre 1609 sein Teleskop auf den Himmel richtete, hatte die Wissenschaft zum ersten Mal ein Gerät im Einsatz, das den sichtbaren Teil des Universums vergrößerte. Auch heute noch ist das Teleskop das wichtigste Hilfsmittel in der **Astronomie.** Es bringt uns die Geheimnisse ferner Himmelskörper näher. Teleskope, die das sichtbare Licht vergrößern, werden optische Teleskope genannt. Man unterscheidet zwei Arten: Die **Refraktoren** wurden von Galilei verwendet und weiterentwickelt. Später hat der Engländer Isaac Newton ein anderes Teleskop entwickelt: den **Reflektor.** Abgesehen von Änderungen in Größe und Bauart basieren die optischen Teleskope noch heute auf diesen Prinzipien: Sie arbeiten einerseits mit Linsen, die das Licht brechen, anderseits mit Spiegeln, die das Licht reflektieren.

Einfallendes Licht
Konvexe Linse
Gebrochenes Licht
Konkave Linse

Refraktor

Wenn Licht durch eine Linse fällt, wird es gebrochen. Eine konvexe Linse bricht das Licht nach innen, eine konkave nach außen. In einem Refraktor, einem Linsenteleskop, wird das einfallende Licht von der konvexen Linse gesammelt und nach innen gelenkt. Eine kleinere konkave Linse vergrößert das Bild. Der größte Refraktor auf der Erde steht im Yerkes-Observatorium in Wisconsin (oben). Er hat eine Linse mit einem Durchmesser von 101,6 cm.

Einfallendes Licht
Konkave Linse
Fangspiegel
Reflektiertes Licht
Parabolspiegel

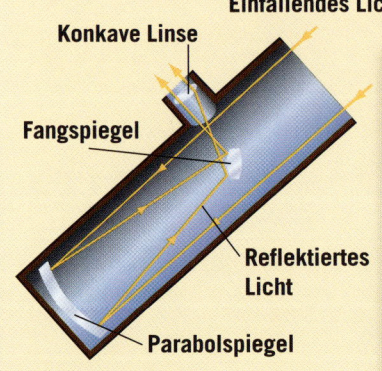

Reflektor

Die Astronomen konnten durch die Refraktoren zwar erstaunliche Dinge erblicken, diese ersten Teleskope waren aber noch nicht besonders leistungsstark. Isaac Newton experimentierte deshalb mit Spiegeln. So war der Reflektor geboren. Bei diesen Teleskopen wird das Licht von einem großen konkaven Parabolspiegel aufgefangen, der das Licht auf einen kleineren Fangspiegel reflektiert; von dort wird das Bild durch eine konkave Linse vergrößert. Bei den modernen wissenschaftlichen Spiegelteleskopen wird das Bild direkt von einer Kamera aufgenommen. Auf dem Bild oben ist der große Reflektor am European Southern Observatory in Cerro La Silla (Chile) zu sehen.

Hast du das gewusst?

Kinderspiel: ein Teleskop

Die Erfindung des Teleskops dürfte ganz buchstäblich auf einem Kinderspiel basieren. Im Jahre 1608 sollen in der Werkstatt des holländischen Brillenmachers Hans Lippershey zwei Kinder mit Linsen gespielt haben. Als sie durch zwei davon auf eine Kirche schauten, erschien diese viel größer! Lippershey probierte das selbst aus und war bass erstaunt. Um die Handhabung der zwei Linsen zu vereinfachen, setzte er sie in eine Röhre – so ist das erste Teleskop entstanden.

Observatorien liefern die besten Ergebnisse, wenn sie weit entfernt von den durch viele Lichter erleuchteten Städten liegen. Auch ist es hilfreich, wenn ihr Standort möglichst hoch ist, weil in der Höhe weniger störende Turbulenzen auftreten. Die größten optischen Teleskope stehen in 4205 m über dem Meeresspiegel auf dem Mauna Kea auf Hawaii *(links)*, einem ruhenden Vulkan.

Unterirdische Sonne

Wenn du mit einem normalen Teleskop in die Sonne schaust, besteht die Gefahr, dass du deine Augen schädigst. Das McMath-Sonnenteleskop auf dem Kitt Peak in Arizona wurde speziell für die Beobachtung der Sonne entwickelt. Es besitzt einen etwa 2 m großen rotierenden Spiegel (Heliostat), der das Sonnenlicht in einen 150 m langen Schacht leitet – unterirdisch, damit die Temperatur konstant bleibt. Am Ende des Schachts wird es in den Beobachtungsraum reflektiert. Hier können die Wissenschaftler die Sonne *(ganz links)* beobachten oder das Licht zu verschiedenen Instrumenten leiten, z. B. einem **Spektrographen,** der das Sonnenlicht in sein **Spektrum** zerlegt *(Seite 21).*

Sonnenlicht

Heliostat

Optischer Tunnel

Fang-spiegel

Beobachtungsraum

Spektrographen

Parabolspiegel

Mit einem Sonnenteleskop können Wissenschaftler die Oberfläche der Sonne und die Sonnenflecken beobachten.

Radio -teleskope

Arecibo

Optische Teleskope fangen das **sichtbare Licht** auf. Es gibt aber noch andere Arten von **Strahlung.** So sind Radiowellen die unsichtbaren Verwandten der Lichtwellen *(siehe **elektromagnetisches Spektrum,** Seiten 16–17).* Sie weisen eine **Wellenlänge** auf, die das Auge nicht wahrnehmen kann.

Viele Himmelskörper senden Radiowellen aus, was aber erst seit 1931 bekannt ist. Der amerikanische Rundfunkingenieur Karl Jansky entdeckte sie, als er die Ursache des Rauschens bei drahtloser Telefonie untersuchte. Er forschte nach dem Ursprung der störenden Radiowellen und stellte fest, dass sie von einem Himmelskörper in der Nähe des Milchstraßenzentrums stammen.

Seitdem werden große Radioteleskope verwendet, um tiefer in das Weltall blicken zu können. Man kann die Radiowellen natürlich nicht wirklich sehen, dafür aber die Bilder, die die Radioteleskope aus ihnen erstellen *(Folgeseite).*

In der Nähe von Arecibo (Puerto Rico) befindet sich das weltweit größte Radioteleskop mit einer einzelnen Empfangsschüssel, das Arecibo-Radioobservatorium. Die Schüssel durchmisst 304 m und bedeckt etwa 8 ha. Das Teleskop selbst ist unbeweglich, durch eine ausgefeilte Technik bleibt aber die Möglichkeit, Radiowellen aus allen Richtungen zu empfangen. Arecibo ist mehr als nur das größte Radioteleskop mit einer einzelnen Empfangsschüssel, es gilt zudem auch als das empfindlichste Teleskop seiner Art: Mit ihm wurden **Pulsare** und interstellare Gaswolken untersucht.

Auch verwendet man es dazu, nach Hinweisen von außerirdischen Lebewesen zu suchen, die irgendwo im Universum existieren könnten.

In der feuchten Schattenwelt unter der riesigen Schüssel hat sich eine üppige Vegetation entwickelt. Die Schüssel selbst besteht aus nahezu 40 000 Aluminiumplatten.

Die Funktionsweise

Radioteleskope sehen anders aus als optische, haben aber auch manches mit diesen gemein. Radioteleskope müssen viel größer sein, weil die Wellenlänge der Radiowellen viel größer ist als die des sichtbaren Lichts. Mit einer entsprechenden Schüssel werden die Signale aus dem Weltall aufgefangen und an eine Antenne weitergeleitet. Von dieser Antenne gelangen sie zu einem Dipolelement, wo sie in elektrische Signale umgewandelt werden. Ein Computer produziert daraus dann das sichtbare Bild *(unten)*.

Über einen Kontinent hinaus

Stell dir ein Radioteleskop vor, das sich von Hawaii über Nordamerika bis zu einer Insel in der Karibik erstreckt — ein Teleskop von 8000 km Länge. Dieses Teleskop existiert tatsächlich. Und so funktioniert es: Die Schüssel eines Radioteleskops muss nicht aus einem Bauteil bestehen. Zu diesem Teleskop gehören zehn einzelne Radiospiegel, die sich über den gesamten Großraum erstrecken und wie ein einziges riesiges Teleskop arbeiten. Das VLBA (Very Long Baseline Array) genannte Teleskop ist seit 1993 in Betrieb.

Radiobilder

Radiowellen können keine Töne oder Bilder transportieren, sie lassen sich aber in solche umwandeln. Du kannst Worte und Musik aus deinem Radio hören, weil die Radiowellen beim Sender so moduliert worden sind, dass dein Radio sie in akustische Signale verwandeln kann. In gleicher Weise werden bei einem Radioteleskop die Radiowellen aus dem All zu Bildern *(rechts)*. Mit Radiowellen haben die Astronomen Himmelskörper entdeckt, von deren Existenz sie vorher nichts wussten, und sie haben bekannte Objekte wie z. B. Jupiter *(rechts)* auf eine neue Art gesehen. So ließ sich auch in das Zentrum der Milchstraße blicken *(ganz rechts oben)*. Auf diese Weise wurden Gaswolken sichtbar, die Überreste von explodierten **Sternen**, so z. B. Cassiopeia A *(ganz rechts unten)*.

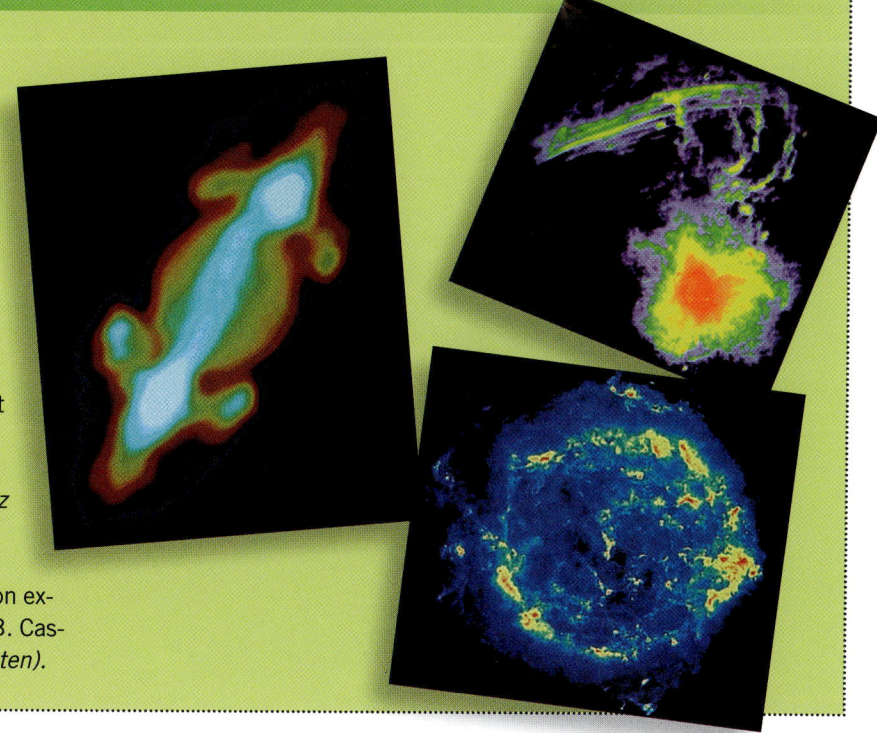

Hubble Weltraumteleskop

Die Astronomen haben in den vergangenen 400 Jahren mit ihren erdgebundenen Teleskopen zwar faszinierende Entdeckungen gemacht, doch ist der irdische Standort zur Beobachtung der Sterne nicht besonders gut geeignet. Turbulenzen in der **Atmosphäre** beeinträchtigen nämlich die Sicht. Auch das künstliche Licht in den Städten und vieles andere von Menschenhand Geschaffene wirkt sich störend aus. In der Erdatmosphäre wird das Licht der Sterne gestreut und zum Teil absorbiert, so dass weniger Licht aufgefangen werden kann. Deshalb wünschten sich die Astronomen ein Auge im Weltraum, und seit 1990 haben sie eins – das Hubble Weltraumteleskop, das mit dem Spaceshuttle in eine Höhe von 600 km gebracht wurde. Es umkreist die Erde in 96 Minuten und liefert ständig neue Informationen über den **Kosmos** insgesamt, über kleine **Planetoiden** in unserem **Sonnensystem**, auch riesige Galaxienhaufen in den entfernten Regionen des Universums.

Zum Vergleich

Hubbles scharfe Augen

Frage einen Astronomen, was an Hubble so einzigartig ist, und er wird dir etwas über die Bildauflösung in Bogensekunden erzählen. Das bedeutet: Hubble kann zehnmal besser sehen als das beste Teleskop auf der Erde. Das kleine Bild der Galaxie M 33 wurde von dem erdgebundenen Hale-Teleskop aufgenommen. Erkennst du den kleinen Kasten? Dieser Fleck ist oben stark vergrößert – ein faszinierender Schnappschuss, der dem Weltraumteleskop Hubble gelungen ist.

Hubble unter der Lupe

- Funkantenne
- Hauptspiegel
- Fangspiegel
- Tür
- Instrumententeil
- Sonnenpaddel
- Funkantenne

Hubble ist ein **Reflektor,** dessen Hauptspiegel einen Durchmesser von 2,40 m hat. Dazu kommen Kameras für sichtbares und Infrarotlicht, ein **Spektrograph** sowie Instrumente, die die Position der **Sterne** bestimmen können. Durch seine zwei Funkantennen übermittelt Hubble seine Bilder über **Satelliten** an Empfänger auf der Erde. Über dieselben Satelliten können die Astronomen auf der Erde Hubbles „Augen" jeweils auf verschiedene Regionen des Weltalls richten. Die Stromversorgung der Instrumente erfolgt dabei über zwei Sonnenpaddel.

Erste Hilfe im All

Das 1990 in eine Umlaufbahn gebrachte Weltraumteleskop Hubble kann zehnmal besser sehen als die erdgebundenen Teleskope. Kann es dies wirklich? Zum Entsetzen der Wissenschaftler wurde bald klar, dass Hubble kurzsichtig ist. Sein Hauptspiegel war verstellt, und zwar um ein Fünfzigstel der Dicke eines menschlichen Haars, was ausreichte, seine Sicht zu stören. 1993 haben Astronauten an Bord des Spaceshuttle das Teleskop eingefangen und repariert *(links)*. Hier ist es über Westaustralien zu sehen. Jetzt kann Hubble alle seine Aufgaben erfüllen.

Hast du das gewusst?

Ein entflohener Planet!

Wissenschaftler glauben, dass auf diesem von Hubble aufgenommenen Foto ein „entflohener" Planet zu sehen ist. Sollte ihre Vermutung zutreffen, wäre dieser Planet dreimal größer als Jupiter. Man hätte so den ersten Beleg von einem Planeten außerhalb unseres **Sonnensystems!** Der angenommene Planet (auf dem Foto ganz unten) ist durch einen langen Lichtstreifen mit einem Doppelstern verbunden. Es wird vermutet, dass der Planet durch die Gravitation dieses Doppelsterns zu seiner einsame Reise gezwungen wurde.

Raumsonden

Planetenbesuche

Raumsonden sind die Pfadfinder des Raumzeitalters. Sie waren schon auf dem Mond, bevor Menschen ihn betreten haben, und sind außerdem tief in unser **Sonnensystem** vorgedrungen. Sie konnten uns Bilder übermitteln von den Jupitermonden, von den Ringen des Saturn, vom Halleyschen **Kometen** und von der Oberfläche des Mars sowie der Venus. So sind Nahaufnahmen möglich geworden, die mit keinem Teleskop zu erzielen sind. *Voyager* I, 1977 gestartet, fliegt jetzt auf die Heliopause zu, die Grenze des Sonnensystems, wo der interstellare Raum beginnt. Das Robotfahrzeug *Sojourner* der Sonde *Pathfinder* erkundete die Marsoberfläche und übermittelte den Stationen auf der Erde wichtige Daten. *Voyager* und *Sojourner* sind nur zwei der vielen Kundschafter, die zu Orten vorgedrungen sind, zu denen der Mensch noch lange nicht gelangen kann.

Mariner 2 war die erste Raumsonde, die einen anderen **Planeten** erreichte (1962). Sie übermittelte Daten über die Venus. Ihr folgten viele weitere Sonden, die inzwischen Informationen über sieben der acht anderen Planeten unseres Sonnensystems geliefert haben. Unten ist u. a. die jeweils erste Sonde mit Ankunftsdatum auf dem Planeten bzw. in Planetennähe aufgeführt.

Mariner 10 (1974, 1975)	**M e r k u r**

Mariner 2 (1962)	**V e n u s**
Venera 4, 7, 9, 13, 14 (1967, 1970, 1975, 1982)	
Mariner 10 (1974)	
Pioneer Venus 1, 2 (1978)	
Magellan (1990)	

Mariner 4, 9 (1965, 1971)	**M a r s**
Viking 1, 2 (1976)	
Pathfinder (1997)	
Global Surveyor (1997)	

Pioneer 10, 11 (1973, 1974)	**J u p i t e r**
Voyager 1, 2 (1979)	
Galileo (1995)	

Pioneer 11 (1979)	**S a t u r n**
Voyager 1, 2 (1980, 1981)	
Cassini (geplante Ankunft 2004)	

Voyager 2 (1986)	**U r a n u s**

Voyager 2 (1989)	**N e p t u n**

Wie **weit**?

Voyagers Reise

Im Jahre 1998 war die Raumsonde *Voyager 1* rund 10,5 Milliarden km von der Erde entfernt – etwa das Doppelte der Entfernung zum Pluto! Möglicherweise kann sie noch bis zum Jahre 2020 einsatzfähig bleiben. Dann wäre sie 22 Milliarden km entfernt im dunklen, eisig kalten interstellaren Raum. Sollte sie jemals auf außerirdisches Leben treffen, so ist sie auch dafür vorbereitet. Denn dieser kleine Botschafter von der Erde führt eine Kupferschallplatte mit sich sowie viele Bilder, u. a. dieses Foto mit Kindern.

Marsmission

Die Sonde *Global Surveyor* benötigte zehn Monate, um den Mars zu erreichen. Sie sollte den Planeten vermessen sowie sein Magnet- und Gravitationsfeld untersuchen. Bei der im Jahre 1997 gestarteten Raumsonde traten technische Probleme auf, was den kleinen Kundschafter aber nicht daran hinderte, faszinierende Bilder von der hügeligen Oberfläche des Roten Planeten zur Erde zu funken *(rechts)*.

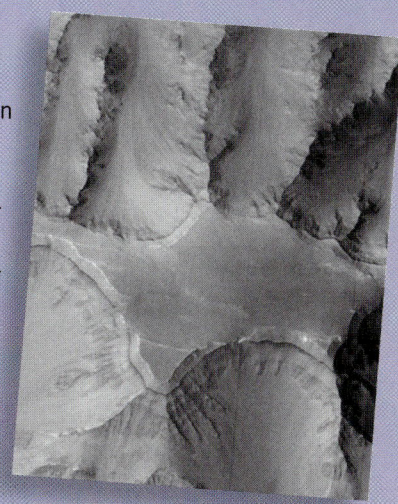

Die Raumsonde Giotto

Als der Halleysche Komet 1986 in Erdnähe kam, wurden fünf Raumsonden gestartet. Auch vier **Satelliten,** die bereits im All waren, lenkten ihre „Augen" in seine Richtung. Noch nie zuvor hatten Astronomen die Chance, einen Kometen aus der Nähe zu beobachten. Eine der Sonden, *Giotto (rechts),* kam dem Kometen so nahe, dass sie mit ihm beinahe kollidiert wäre! *Giotto* gelangen erstaunliche Aufnahmen vom Kern – dem schmutzigen Eisbrocken, der das Herz eines Kometen bildet *(Seite 91)*.

Malen nach Zahlen

Im Weltall gibt es keine Post. Wie aber gelangen dann die Bilder der Raumsonden zur Erde? Antwort: Sie werden aus Zahlen zusammengesetzt. Hier ist zu sehen, wie das Bild eines Marskraters uns erreichen konnte. Die lichtempfindlichen Sensoren der Raumsonde zerlegen das Bild des Kraters in Pixel *(Mitte)* – ein Kurzwort für "picture element" (Bildelement). An Bord der Sonde ordnet dann ein Computer jedem Pixel je nach dessen Helligkeit eine Zahl zu *(unten)*. Diese Zahlen werden zur Erde übermittelt, wo ein anderer Computer aus ihnen wieder ein für menschliche Augen erkennbares Bild errechnet *(oben)*.

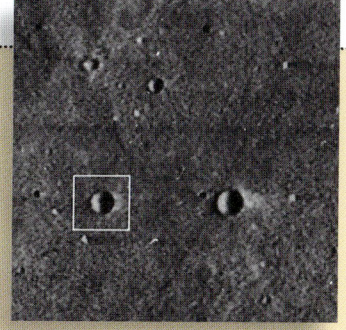

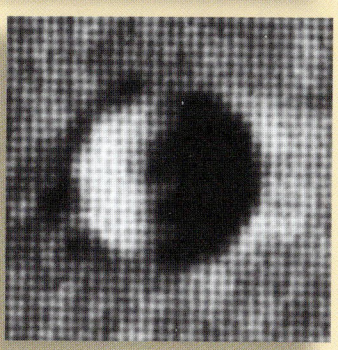

Hast du das gewusst?

Mondmüll

Wir werden immer aufgefordert, Abfall zu vermeiden. Diesem Gebot zu folgen ist im Weltall nicht ganz einfach. Bis heute hat noch niemand einen Weg gefunden, all die Gerätschaften wieder zur Erde zu bringen. Auf dem Mond hat der Mensch inzwischen viele Tonnen Material hinterlassen. Aber weil unser Trabant keine **Atmosphäre** hat, verrotten diese Abfälle nicht. Hier sind einige Objekte aufgeführt, die sich inzwischen auf dem Mond befinden.

Mehr als 20 Raumsonden

3 Mondfahrzeuge

6 amerikanische Flaggen

6 Abstiegsstufen

1 zweirädriger Transportkarren

2 sowjetische Medaillen

1 vergoldeter Olivenzweig

1 Schallplatte mit Botschaften

1 Foto einer Astronautenfamilie

2 Golfbälle

Menschen im Weltall

Der Traum vom Fliegen

Wer hat noch nicht in den Nachthimmel geschaut und davon geträumt, zu fernen **Sternen** fliegen zu können? „Es ist die Bestimmung des Menschen," schrieb der russische Raketenpionier Konstantin Tsiolkowsky (1857–1935), „seinen Fuß auf einen außerirdischen **Planeten** zu setzen, auf dem Mond einen Stein aufzuheben…" Tsiolkowsky hatte aber nicht nur geträumt. Beispielsweise kam ihm die konkrete Idee, Raketen mehrstufig zu bauen, so dass die leeren Tanks jeweils abgestoßen werden können – eine Grundlage der heutigen Raumfahrt.

Der Traum von den Sternen stand am Anfang der Raketenforschung, aber auch Kriege und die Politik gaben wichtige Impulse. Im Zweiten Weltkrieg entwickelte Deutschland die ersten Raketenwaffen. Später begannen die USA und die UdSSR einen Wettlauf in den Weltraum. Im Jahre 1957 konnte die Sowjetunion den ersten künstlichen **Satelliten** *Sputnik* 1 (russisch für „Reisegefährte") ins All schießen. Der Wettlauf zwischen der UdSSR und den USA beschleunigte die weitere Entwicklung ganz erheblich – nur zwölf Jahre später betraten zwei amerikanische Astronauten den Mond. Das Zeitalter der Erforschung des Weltraums hatte begonnen.

Menschen haben schon immer davon geträumt, zu fliegen und zu den Sternen zu reisen. Leonardo da Vinci (1452–1519), der berühmte italienische Maler und Naturforscher, war ein solcher Träumer. Er untersuchte den Vogelflug und mühte sich 25 Jahre lang, eine Maschine zu entwickeln, die wie ein Vogel fliegen konnte. Hier sind zwei seiner Entwürfe zu sehen. In der Maschine oben müsste ein Mensch liegen und mit Flügeln in Schulterhöhe auf- und abschwingen. Aber nicht einmal ein Genie wie da Vinci konnte ein solches Gerät tatsächlich bauen. Stärker beeindruckt sind die Ingenieure heute von seinem unten gezeigten Entwurf. Die Skizze stammt aus einem anderen Notizbuch. Der große schraubenartige Propeller arbeitet nach dem Prinzip moderner Hubschrauber. Übrigens ist es ein Kuriosum der besonderen Art, dass Leonardo seine Notizen verschlüsselte: Die Schrift verläuft von rechts nach links, auch die Buchstaben sind umgedreht, wie in einem Teil der Abbildung zu erkennen ist.

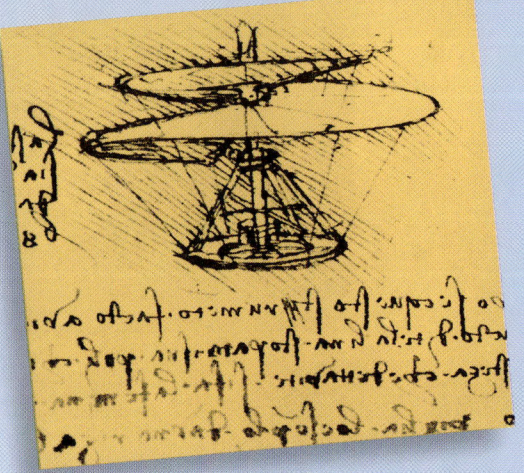

Kurz-INFO

1957 Der Hund Laika ist das erste Lebewesen im Weltall

1961 Jurij Gagarin umkreist als erster Mensch die Erde

1962 John Glenn ist der erste Amerikaner im All, der die Erde umkreist

1963 Walentina Tereschkowa ist die erste Frau im All

1965 Alexej Leonows erster „Weltraumspaziergang"

1968 Die amerikanische Raumkapsel *Apollo* 8 trägt die ersten Menschen in eine Umlaufbahn um den Mond

1969 Neil Armstrong ist der erste Mensch auf dem Mond

1971 *Saljut* 1 ist die erste Raumstation in einer Umlaufbahn um die Erde

1973 *Skylab* ist die erste amerikanische Raumstation

1981 Mit *Columbia* startet das erste Spaceshuttle

1983 Sally Ride ist die erste Amerikanerin im All

Schicksal eines Satelliten

Sputnik 1, der erste Satellit, hatte einen Durchmesser von nur 59 cm, war aber 84,6 kg schwer. Der kleine Kerl erzielte eine große Wirkung; er markierte den Beginn des Wettlaufs in den Weltraum zwischen den USA und der UdSSR. Dieser Wettlauf trug den Menschen schon bald ins Weltall und - ermöglichte viele neue Technologien. Was wurde aus *Sputnik*? Nachdem er Geschichte geschrieben hat, stürzte er ins Meer.

Bevor die ersten Menschen in den Weltraum flogen, waren bereits einige Versuche mit Tieren unternommen worden. Eines dieser Versuchstiere war der Schimpanse Ham. Der haarige Astronaut wurde über ein Jahr lang ausgebildet, bis er 1961 seinen Flug in 253 km Höhe antrat. In seinem Spezialsitz *(oben)* musste er nur etwa sechs Minuten Schwerelosigkeit erdulden, bevor er zur Erde zurückgelangte und aus dem Meer geborgen werden konnte.

Erster Mensch im Weltraum

Jurij Gagarin, ein sowjetischer Kosmonaut, war der erste Mensch im Weltraum. In seiner Raumkapsel *Wostok 1* umkreiste er die Erde am 12. April 1961 in etwa 108 Minuten. Dann zündeten seine Bremsraketen. In erdnaher Höhe verließ er dann die Raumkapsel und landete sicher mit einem Fallschirm.

Erste Frau im Weltraum

Zwei Jahre nach Gagarins Pioniertat schickten die Sowjets eine Kosmonautin ins All. Walentina Tereschkowa verbrachte drei Tage im Weltraum. Dann kehrte sie sicher zur Erde zurück. Die Kosmonautin verursachte der Bodenstation einiges Kopfzerbrechen, weil sie zum Zeitpunkt eines geplanten Funkkontakts geschlafen hatte!

Erste Schritte auf dem Mond

Die erste Mondlandung der Astronauten Neil Armstrong und Edwin Aldrin im Jahre 1969 war für den 4. Juli geplant, den amerikanischen Nationalfeiertag. Wegen technischer Probleme sollte es aber bis zum 20. Juli dauern, bis beide den Mond betraten. Als Armstrong seinen Fuß auf den Mondboden setzte, sagte er: „Es ist ein kleiner Schritt für einen Menschen, aber ein großer Sprung für die Menschheit".

Leben im Weltall

S eit 1971 erproben russische Kosmonauten, später auch amerikanische Astronauten in ihren Raumstationen Langzeitaufenthalte im All. Das bedeutet: gedrängte Quartiere, Ernährung aus Tuben, kein Privatleben und eine schier endlose Folge von Anweisungen der Bodenstation. Ihre Erfahrungen sollen es ermöglichen, dass Menschen eines Tages ferne Welten besuchen können.

Die Mühen waren nicht vergebens. Die Probleme wurden gelöst, wie sie anfielen. Inzwischen ist es in den Stationen leiser geworden, so dass eine Crew besser schlafen kann. Das Essen wird schmackhafter und die Kabinen werden größer. Genaue Einsatzpläne lassen auch Zeit zum Entspannen. Trainingsprogramme sorgen dafür, dass Knochen und Muskulatur in Übung bleiben.

Auf der technischen Seite wurde die Aufbereitung von Sauerstoff und Wasser verbessert. Das garantiert mehr Unabhängigkeit und sorgt für mehr Komfort.

Live dabei!

1996 stellte die Astronautin Shannon Lucid an Bord der russischen Raumstation *Mir* einen amerikanischen Langzeitrekord im Weltraum auf. Wie empfanden Sie es, 188 Tage in einer „Blechdose" zu verbringen? wurde Lucid gefragt. Sie lachte: „Es ist wie in einem Wohnmobil zusammen mit den Kindern ... wenn es regnet und niemand ins Freie kann!" Ihre wichtigste Erkenntnis war aber die folgende: „Die Mannschaft muss sich aufeinander einstellen und miteinander auskommen".

Das Leben in der *Mir*

Die 1986 gestartete russische Raumstation *Mir* bietet Platz für drei ständige Besatzungsmitglieder und bis zu drei Besucher, für die kleinere Quartiere vorgesehen sind. Die Kosmonauten arbeiten meist in der vorderen Kontrollstation; der Aufenthaltsbereich liegt in der Mitte. Schalldichte Wände teilen zwei Kabinen ab – nicht größer als eine Telefonzelle – in denen die Crew schläft. Die Station wird durch große Sonnenpaneele mit Strom versorgt; an sechs Kopplungsstutzen können andere Raumfahrzeuge andocken. Auf der Zeichnung oben ist u. a. ein Rettungsboot zu sehen.

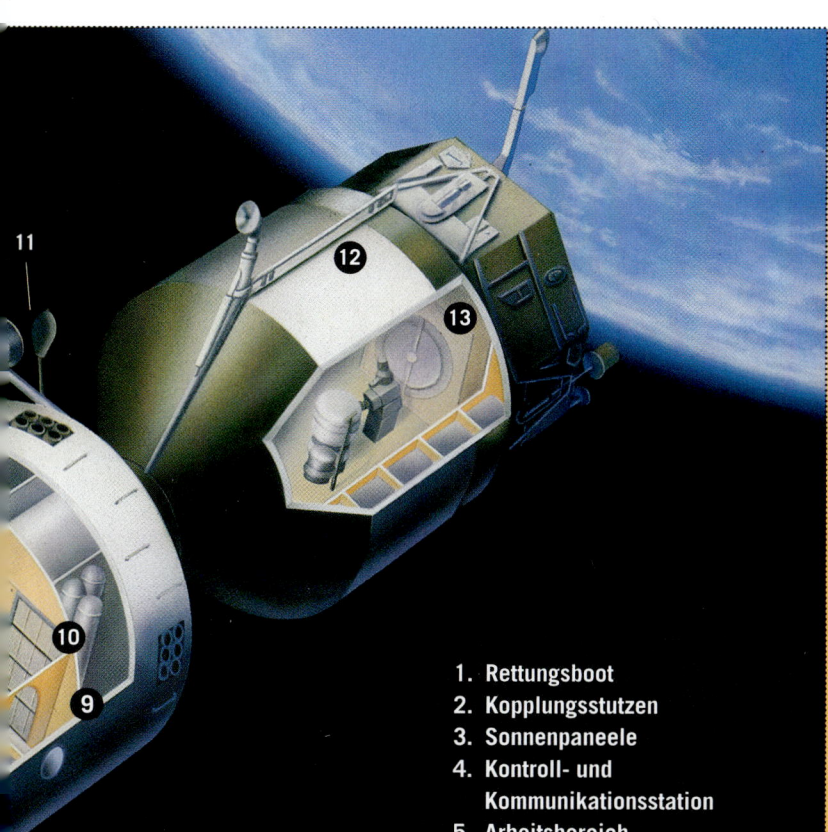

1. Rettungsboot
2. Kopplungsstutzen
3. Sonnenpaneele
4. Kontroll- und Kommunikationsstation
5. Arbeitsbereich
6. Trainingsfahrrad
7. Arbeits- und Esstisch
8. Tretmühle
9. Privatkabine
10. Fachbibliothek
11. Kommunikationsantenne
12. Erkundungsfahrzeug
13. Beobachtungsgeräte

Kooperation im Weltraum

In Kürze soll in 350 km Höhe der Aufbau einer internationalen Raumstation beginnen, ein Gemeinschaftsprojekt der USA, Russlands, der European Space Agency und anderer Staaten. Das Innere der Station, so geräumig geplant wie die Passagierkabinen zweier Jumbo-Jets, ist für sieben Astronauten vorgesehen. Die Station soll insgesamt die Abmessung von 14 Tennisplätzen haben – sie muss Stück für Stück in den Weltraum transportiert und dort montiert werden. Die Astronauten werden dabei mindestens 800 Stunden für den Zusammenbau benötigen!

Weltraumleben pur

Wenn du morgens aus deinem Bett „schwimmst", eine Unterdrucktoilette benutzt und hinter einem Ballon aus Orangensaft herjagst, weißt du, dass du nicht auf der Erde bist. Die Schwerelosigkeit ist die größte Umstellung, die ein Astronaut auf sich nehmen muss. Du kannst dich daran gewöhnen, aber mit der Zeit treten Nackenschmerzen auf, so berichten Langzeitastronauten.

Charles Conrad nimmt an Bord von *Skylab* ein Bad – in der sonderlichen Vorrichtung, die im Weltraum dafür vorgesehen ist. An Bord der *Mir* musste sich Shannon Lucid sechs Monate mit einem Schwamm begnügen.

Sally Ride in ihrem Schlafsack an Bord des Spaceshuttle. Einen Vorteil gibt es: Weil das Gaumensegel nicht erschlaffen kann, schnarcht im Weltraum niemand!

Um sich die Freizeit zu vertreiben, verbessert Loren Shriver seine Bonbonwurftechnik unter Schwerelosigkeit. Er hat genug Zeit, den Bonbon aufzuschnappen, weil er unter diesen Bedingungen nicht zu Boden fallen kann.

Besuch anderer Welten

In der Fernsehserie *Star Trek* eilen die Raumschiffe mit „Warp-Geschwindigkeit" durch das All; das heißt, sie sind schneller als das Licht. Bis heute gilt es als unmöglich, schneller als Licht zu sein, das eine Geschwindigkeit von etwa 300 000 km pro Sekunde aufweist. Aber wer weiß, was die Zukunft bringt …

Die Entfernungen im Weltraum sind enorm; wenn wir wirklich durch das All reisen wollten, müssten wir schneller als Lichtgeschwindigeit sein. Auch müssten wir uns selbst versorgen können; einen Vorrat für Jahre mitzuschleppen ist kaum vorstellbar.

Selbst eine Reise zum Mars würde nach heutigen Möglichkeiten neun Monate dauern. Das erfordert viele Nahrungsmittel, nicht zu denken an das Trink- und Brauchwasser. Und was passiert mit all dem Abfall aus der Toilette? Man überlegt, für die Raumfahrt einen Recyclingkreislauf aufzubauen, um alles wiederverwerten zu können.

Hast du das gewusst?

Planetoiden einfangen

Für zukünftige Weltraumkolonien könnten **Planetoiden** die Wasserversorgung sicherstellen: Einige dieser Himmelskörper bestehen bis zu 20 Prozent aus Wasser. Möglicherweise lassen sie sich einfangen *(oben)*. Dann nimmt das Raumschiff dort Gesteinsbrocken auf. Diese werden anschließend erhitzt, wodurch das in ihnen enthaltene Wasser gewonnen werden kann.

Mondbasis

Eine Mondbasis wäre nicht das Paradies, von dem viele Menschen träumen. Dennoch ist sie Gegenstand vieler konkreter Überlegungen. Dieser Entwurf der NASA zeigt eine aufblasbare Kugel, in der ein Dutzend Besatzungsmitglieder leben könnten. Mit ihr verbunden ist ein weiteres aufblasbares Gebilde, das als Landeplatz dient. Die Astronauten würden hier andocken und in die Wohnkugel gelangen können. Wofür wäre eine Mondbasis gut? Etwa um die Bodenschätze des Mondes auszubeuten oder als Startrampe für weite Raumflüge!

Erste Kolonie auf einem anderen Globus: Mars

Wenn du irgendwann im nächsten Jahrhundert den roten Sand des Mars betrittst, stehst du vor einer großen Herausforderung. Die Temperaturen können bis zu −150 °C erreichen, dazu kommen tödliche Strahlung und starke Sandstürme. Du musst alles mitbringen, was eine Kolonie benötigt, auch Recyclinganlagen für Sauerstoff, Kohlendioxid, Wasser und feste Abfälle. Auch musst du schon bald Gewächshäuser errichten, um frisches Obst und Gemüse zu ziehen – ein Luxus, nach dem auch die mäkeligsten Kinder nach monatelanger Reise gieren werden. Und weil du nicht tonnenweise Baumaterial von der Erde mitnehmen kannst, musst du mit dem Vorlieb nehmen, was du hast. Die Landefahrzeuge werden zu Wohnungen, zum Krankenhaus und zu einem Laboratorium. Diese Zeichnung gibt dir einen Eindruck, wie eine solche Marsstation aussehen könnte. Im Vordergrund ist am Fallschirm soeben ein neues Landefahrzeug zu Boden gegangen.

Reisebericht vom Mars

Im Jahre 1519 brach der portugiesische Seefahrer Fernando de Magellan zu einer drei Jahre dauernden Weltumseglung auf. Viele seiner Reisegefährten starben durch Hunger, Krankheiten oder im Kampf mit Eingeborenen – auch Magellan. Verglichen dazu wäre eine Reise zum Mars heute viel überschaubarer. Man schätzt, dass Magellan in etwa eineinhalb Jahren zum Mars hin und zurück reisen könnte – mit einem zwanzigtägigen Aufenthalt. Die Marspioniere hätten freilich mit den Folgen einer langen Schwerelosigkeit zu tun, außerdem mit den psychischen Folgen einer langen Reise auf engstem Raum.

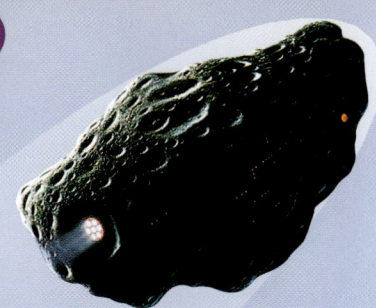

Stell dir vor!

Im Jahre 1929 hatte der Naturforscher J. D. Bernal vorgeschlagen, einen Planetoiden als interstellare Arche auszuhöhlen. Unter Fachleuten war seine Idee aber höchst umstritten. Sie meinten, dass ein solches Raumfahrzeug riesige Mengen an Treibstoff verbrauchen würde und durch sein immenses Gewicht viel zu langsam wäre. Später haben sich viele Sciencefiction-Autoren von Bernals Vorschlag anregen lassen.

Suche nach Leben

V or etwa 100 Jahren haben Astronomen bei der Beobachtung des Mars ein System von Linien entdeckt. Sie meinten, dass es sich dabei um Kanäle handele, die von den Marsbewohnern angelegt wurden, um ihre trockenen Felder zu bewässern. Viele Jahrzehnte später zerschlugen sich ihre Hoffnungen, als Raumsonden Bilder einer öden Landschaft ohne Spuren von Leben übermittelten. Die einzige Bewegung auf dem **Planeten** stammt von den Sandstürmen.

Die Astronomen schätzen, dass es in unserer **Galaxie** mehrere hundert Milliarden **Sterne** gibt. Sollte es nicht möglich sein, dass wenigstens einer einen Planeten mit intelligentem Leben aufweist? Manche Fachleute meinen, die Suche nach außerirdischem Leben sei eine Verschwendung von Zeit und Geld. Andere halten solche Mühen für eine sinnvolle Beschäftigung. Was denkst du?

Gibt es Leben im All?

Wie hoch ist die Wahrscheinlichkeit, dass es in unserer Galaxie Leben gibt? Der Astronom Frank Drake hat dafür die folgende Formel aufgestellt. Sie ist aber eher eine Diskussionsgrundlage als eine wirkliche Antwort. Die Buchstaben in der Formel werden durch Zahlen ersetzt, die allerdings nicht feststehen, weshalb die Lösung N auch nur eine Hypothese ist. Zu welcher Antwort kommt Drake? Es könnte 100 oder auch 100 Millionen Zivilisationen geben!

Flaschenpost

R aumsonden von der Erde können eine Ewigkeit überdauern. Wie groß ist die Wahrscheinlichkeit, dass eine fremde Zivilisation eines Tages auf eine irdische Sonde trifft? Wir sollten keine Möglichkeit auslassen! *Pioneer 10* und *Pioneer 11* führen jeweils eine Plakette *(unten)* mit sich, auf der die Bilder eines Mannes, einer Frau sowie der Sonde selbst eingraviert sind. Ebenfalls ist die Position der Erde im **Sonnensystem** und in der Milchstraße sowie relativ zu 14 **Pulsaren** zu sehen. *Voyager 1* und *Voyager 2* haben Bildplatten *(Mitte)* an Bord, mit denen sich Bilder und Töne von der Erde wiedergeben lassen, z. B. Musik, Worte und der Gesang der Wale. Die goldbeschichtete Hülle *(oben)* zeigt die Position der Erde und erklärt, wie die Platte abzuspielen ist.

$$N = R_* \quad f_p \quad n_e$$

N = Zahl der Zivilisationen, die kommunizieren können und wollen. Nach dieser Formel liegt die Zahl zwischen 100 und 100 Millionen.

R_* = Anzahl (durchschnittlich 10) der pro Jahr in unserer Galaxie entstehenden Sterne. Leben erfordert einen Planeten und dieser einen Stern.

f_p = Anzahl der Sterne mit Planeten. Astronomen vermuten, dass alle Sterne Planeten haben können und setzen deshalb: fp ist gleich 1.

n_e = Anzahl der Planeten, die Leben tragen könnten. Drake nimmt an, dass dies in jedem Sonnensystem möglich ist, und setzt auch diesen Wert gleich 1.

Nachricht an die Sterne

Seit 1960 haben Astronomen ihre Radioteleskope *(rechts unten)* immer wieder auf Frequenzen eingestellt, die von außerirdischen Lebewesen zur Kommunikation genutzt werden könnten. Ein- oder zweimal dachten die Wissenschaftler, sie hätten Erfolg, doch es war falscher Alarm. Die Astronomie steht in dieser Frage einer großen Herausforderung gegenüber: Um ein fremdes Radiosignal aufzufangen, muss der Empfänger in die richtige Richtung weisen und auf die richtige Frequenz eingestellt sein – es gibt Milliarden Frequenzen und Milliarden Sterne. Wissenschaftler haben mit dem Arecibo-Radioteleskop *(Seite 104)* 1974 selbst eine Botschaft ausgestrahlt, und zwar zum Kugelsternhaufen M 13 im **Sternbild** Herkules *(rechts oben)*, der etwa 100 000 Sterne enthält. Die Nachricht ist im Binärcode abgefasst, in dem sich alle Zahlen als Kombination von

Einsen und Nullen darstellen lassen. Als Graphik *(links)* enthält diese Botschaft u. a. Informationen über die Menschen. Auf die Antwort müssen wir allerdings etwas warten. Mit Lichtgeschwindigkeit benötigt die Botschaft 24 000 Jahre, um ihr Ziel zu erreichen; und dann würde es weitere 24 000 Jahre dauern, bis wir eine mögliche Antwort erhalten.

Kosmobiologen sind Wissenschaftler, die sich mit der Möglichkeit außerirdischen Lebens beschäftigen. Was für Planeten könnten Leben tragen? Welche Lebensformen sind möglich? Carl Sagan (1934–1996) war der wohl namhafteste Kosmobiologe. Er wollte außerirdisches Leben finden und verfolgte dabei einen wissenschaftlichen Ansatz. Als Fachleute meinten, sie hätten auf dem Mars Spuren einer Vegetation entdeckt, vertrat ein kritischer Sagan die Meinung, es handele sich nur um durch Sandstürme hervorgerufene Schatten – und er hatte Recht!

f_l = Planeten mit Leben. Drake meinte, dass sich auf bewohnbaren Planeten leicht Leben entwickeln kann. So setzte er auch diesen Wert gleich 1.

f_i = Anzahl der Planeten mit intelligentem Leben. Wenn die Wahrscheinlichkeit dafür 1 zu 10 beträgt, ist dieser Wert gleich 0,1.

f_c = Anzahl der Planeten mit Zivilisationen, die kommunizieren können. Da dies nicht alle sein werden, ist dieser Wert mit 0,1 angesetzt.

L = Lebensspanne einer kommunizierenden Zivilisation. Wie lange kann eine Zivilisation überdauern? Eintausend bis eine Milliarde Jahre.

Seltsame Lebensformen

Schnellkochtopf

In jedem Sciencefiction-Film kommt der Moment der Wahrheit, wenn der Außerirdische erstmals aus seinem Raumschiff steigt. Die Zuschauer halten den Atem an: Wie wird er aussehen? Doch Wissenschaftler interessieren sich weniger für das Aussehen der Außerirdischen als dafür, wie sich ihr Organismus aufbauen könnte und an welche Lebensbedingungen sie angepasst sind. Sind Kohlenwasserstoffe ihre Lebensbedingung (wie bei den irdischen Lebewesen)? Oder bestehen Außerirdische aus Quarz, wie es sich manche Sciencefiction-Autoren vorstellen? Oder erzeugen sie ihre Energie durch Photosynthese? Selbst die hartnäckigsten Skeptiker müssen zugeben, dass, wenn je der Tag der Begegnung mit Außerirdischen kommen sollte, dieser Tag das aufregendste Ereignis in der Geschichte der Menschheit markieren würde.

Jupiter hat einen Gesteinskern, der von Gasschichten umgeben ist. Diese sind durch die gewaltige Gravitation des Planeten derart zusammengepresst, dass sie in einer kristallinen Struktur vorliegen. Nahe der Oberfläche des Planeten ist der Druck etwa so hoch wie in der Tiefe unserer Ozeane, wo seltsame Lebensformen durchaus existieren können.

Sengende Hitze

Die Temperatur auf der Oberfläche der Venus erreicht 480 °C. Kann es in dieser heißen, unwirtlichen Welt Leben geben?

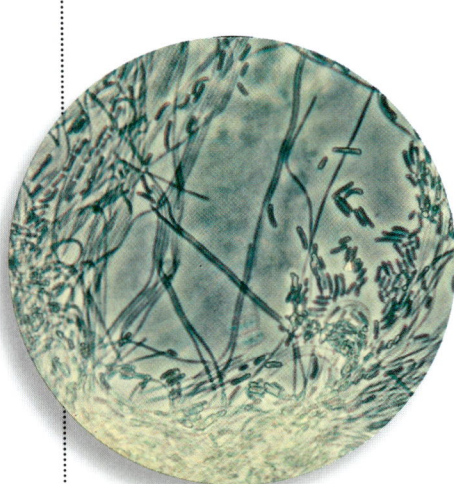

Auch auf der Erde gibt es Organismen, die es wirklich heiß mögen. Die heißen Quellen im Yellowstone National Park im Westen der USA sind die Heimat für einige dieser Lebewesen. Zwei Arten von Bakterien, *Chloroflexus aurantiacus* und *Synechococcus lividus,* gedeihen unter Temperaturen, bei denen jedes andere Lebewesen gegart würde. Die Temperaturen auf der Venus könnten sie wohl nicht überleben, aber immerhin lieben sie heiße 70 °C.

In 3000 m Tiefe lebt der Anglerfisch *(oben)* in der Schwärze der Tiefsee bei unvorstellbarem Druck. Seine leuchtende Rückenflosse stellt die einzige Lichtquelle dar. Die kleinen Tiefseequallen *(rechts)* leben noch tiefer, und zwar bis zu 3800 m unter der Meeresoberfläche.

Ein Wasserreich

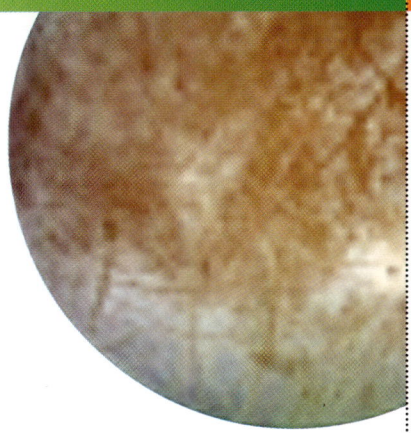

Auf Europa, dem kleinsten der Galileischen **Monde** des Jupiter, könnte sich unter der Eisdecke ein tiefer Ozean befinden. Dabei ist nicht auszuschließen, dass auf seinem Grund geothermische Quellen das Wasser mit Chemikalien anreichern und damit Lebensformen ermöglichen.

In der Tiefe unserer Ozeane, weit entfernt vom Sonnenlicht, haben Wissenschaftler in der Umgebung unterseeischer Geysire inzwischen neue Lebensformen entdeckt. Hier wandeln Bakterien den Schwefelwasserstoff der Geysire in Nährstoffe um. Von diesen Bakterien wiederum ernähren sich winzige Krabben und große Ringelwürmer *(unten)*.

Gefriergetrocknete Welt

Die Astronomen wissen heute, dass der Mars trocken und kalt ist. Seine Oberfläche zeigt aber noch Erosionsspuren aus einer Zeit, als es auf dem Mars viel Wasser gegeben haben könnte und seine **Atmosphäre** dichter war. Manche Wissenschaftler vermuten, dass der Planet damals Leben getragen hat. Als er dann austrocknete, haben sich vielleicht einige mikroskopisch kleine Lebensformen an die neuen Bedingungen angepasst. Wissenschaftler meinen, dass sie fossile Spuren dieser Lebensformen möglicherweise im Marsgestein finden können.

Das Bärtierchen (unten, 700fach vergrößert) besteht zu 85 Prozent aus Wasser. Diese Kreatur kann ihren Wassergehalt bis auf 2 Prozent reduzieren und bei Temperaturen von 115 °C oder starker Kälte überleben. Vielleicht gibt es auf dem Mars solch bizarre Lebensformen.

Bildnachweis

NASA, Foto Nr. 69-HC-687 – NASA, Foto Nr. S73-22871. 64: Mansell Collection, ©Time Inc. Picture Collection; I Stephen R. Wagner; NASA/ USGS, Foto Nr. PIA00407 – NASA/JPL – NASA/JPL, Foto Nr. P-18635. 65: NASA/U.S. Geological Survey, Foto Nr. PIA00300; NASA/ JPL – I Jeff McKay; NASA/JPL, Foto Nr. PIA01141. 66, 67: Barry Stauer für *People* – NASA, Foto Nr. S94-32549 – NASA, Foto Nr. 96-H-513; NASA/JPL, Foto Nr. PIA01003; Lowell-Observatory-Foto (2) – Mary Evans Picture Library, London. 68: Scala, Florenz/Musei Vaticani, Rom; I Stephen R. Wagner; The Granger Collection, New York – I Stephen R. Wagner. 69: NASA/U.S. Geological Survey, Foto Nr. PIA00343. 70: I Jeff McKay; H. Himmel, MIT/NASA, Foto Nr. PRC 94-3. 71: NASA/JPL, Foto Nr. PIA00065 – Ludek Pesek/National Geographic Society. 72: NASA, Foto Nr. P-217-60C – NASA/ USGS, Foto Nr. PIA00010. 73: NASA/JPL (2) – Paul M. Schenk, Lunar and Planetary Institute, Houston (Texas) – NASA/JPL; I Jeff McKay. 74: Mary Evans Picture Library, London; I Stephen R. Wagner; NASA/ USGS, Foto Nr. PIA0040 – Ann Ronan Picture Library bei Image Select, Harrow, Middlesex (England). 75: I Joe Bergeron, ©1990, Time-Life Books, Inc. – I Jeff McKay. 76: NASA; I Jeff McKay. 77: I Rick Sternback, ©1985 Time-Life Books, Inc. – Ann Ronan Picture Library, London; mit freundlicher Genehmigung U. S. Naval Observatory, Washington D.C., fotografiert von Larry Sherer. 78: NASA/JPL, Foto Nr. PIA 00733 – NASA, Foto Nr. PCP-23265C – NASA/USGS, Foto Nr. PA 00348 – William H. Bond ©National Geographic Society. 79: I Rob Wood von Stansbury Ronsaville Wood, Inc., ©1990, Time-Life Books, Inc.; I Jeff McKay. 80: I Michael Jaroszko; I Stephen R. Wagner; NASA/Universität von Arizona, Erich Karkoschkas, Foto Nr. PRC97-36A – USGS, Flagstaff (Arizona). 81: Corbis-Bettmann – I Paul Hudson, ©1990 Time-Life Books, Inc.; I Jeff McKay. 82: Victoria and Albert Picture Library, London; I Stephen R. Wagner; NASA/JPL, Foto Nr. PIA0046 – Mary Lea Shane Archives vom Lick Observatory, Universität von Kalifornien-Santa Cruz; Mary Evans Picture Library, London. 83: NASA, Foto Nr. P-34764c – I Ron Miller aus *The Grand Tour*, ©1993, 1981 von Ron Miller und William K. Hartmann, mit freundlicher Genehmigung Workman Publishing Co., Inc., New York; I Jeff McKay. 84: Palazzo Vecchio, Florenz/The Bridgeman Art Library, London; I Stephen R. Wagner; NASA/ European Space Agency (ESA)/STScI; I Paul Hudson, ©1990 Time-Life Books, Inc.; I Jeff McKay – Lowell- Observatory-Foto – Weston & Son, Eastbourne (England), mit freundlicher Genehmigung Mrs. Maxwell Phair/ Ed Castle. 86: I Stephen R. Wagner; The Zinner Portrait Collection der San Diego State University-Special Collections; I Rob Wood-Wood Ronsaville Harlin, Inc. (3). 87: I Stephen R. Wagner; aus *Der kleine Prinz* von Antoine de Saint-Exupéry, ©1943 und erneuert von Harcourt Brace & Co.; NASA, Foto Nr. PRP-43731. 88: Diebold-Schilling Chronik, 1513 ZB Luzern (Eigentum Korporation Luzern); I Alfred T. Kamajian, ©1990, Time-Life Books, Inc. – Akira Fujii – mit freundlicher Genehmigung The National Portrait Gallery, London. 89: ©Wally Pacholka; Jonathan Blair/National Geographic Image Collection. 90, 91: I Stephen R. Wagner; NASA/NSSDC, ESA Mission Giotto; I Rob Wood-Wood Ronsaville Harlin, Inc., ©1990, Time-Life Books, Inc. – I Jeff McKay. 92: Anthony Bannister, NHPA, Ardingly, Sussex (England); I Stephen R. Wagner. 93: Aus *Between the Planets* von Fletcher G. Watson, The Blackiston Company, Philadelphia, 1941 – James M. Baker. 94: G. J. Wasserburg/Cal Tech und John DeVaney/JPL; I Rob Wood von Stansbury Ronsaville Wood, Inc., ©1990, Time-Life Books, Inc. (4). 95: NASA, Foto Nr. 76-HC-260 – John Sanford/Science Photo Library/Photo Researchers, N. Y. – Illustration von James McKinnon aus *The Nature Company Guide: Advanced Skywatching* ©Weldon Owen Pty. Ltd; Sovfoto. 96: Mary Evans Picture Library, London – The Metropolitan Museum of Art, Rogers Fund, 1948. (48.105 .52); ©The British Museum, London. 97: The British Museum/Bridgeman Art Library, London; Nachdruck aus *Eyewitness Science: Astronomy*, mit freundlicher Genehmigung DK Publishing, Inc. – Maryland Historical Society; Don Harris. 98, 99: ©Georg Gerster/Photo Researchers; mit freundlicher Genehmigung English Heritage, London; Power Stock/Zefa, London – Macduff Everton/Corbis – Brian Vikander/Corbis; ©Solstice Project, fotografiert von Karl Kernberger – Robin Rector Krupp, Griffith Observatory. 100: Mary Evans Picture Library, London (2) – Corbis-Bettmann. 101: Jean-Loup Charmet, Paris; Fondation Saint-Thomas, Straßburg – Smithsonian Institution Libraries/Charles H. Phillips – Scala, Florenz. 102: Nachdruck aus *Eyewitness Science: Astronomy*, mit freundlicher Genehmigung DK Publishing, Inc.; I Jeff McKay (2); Yerkes-Observatory -Foto – ©European Southern Observatory. 103: Royal Observatory, Edinburgh/Science Photo Library/Photo Researchers – I Stephen R. Wagner, ©1990, Time-Life Books, Inc. – National Optical Astronomy Observatory. 104: David Parker, 1997/Science Photo Library/Das Arecibo-Observatorium gehört zum National Astronomy und Ionosphere Center, das von der Cornell Universität in Kooperation mit der National Science Foundation unterhalten wird; Robert Frerck/Robert Harding Picture Library, London. 105: Das Studio von Wood Ronsaville Harlin, Inc.; ©Dean Ellis/Ed Castle – mit freundlicher Genehmigung NRAO/AUI (3). 106: Das Studio von Wood Ronsaville Harlin, Inc.; Hui Yang, Universität von Illinois und NASA, Foto Nr. PRC96-27 (2). 107: NASA, Foto Nr. 61-48-001; S. Tererby, Extrasolar Research Corp. und NASA, Foto Nr. PRc98-19. 108: NASA/ JPL, Foto Nr. P24653a – Foto von Ruby Mera, UNICEF; USGS, Flagstaff (Arizona) – NASA/Ames Research Center, Moffett Field (Kalifornien) – NASA, Foto Nr. PIA00407 – NASA, Foto Nr.PIA00343 – NASA, Foto Nr. PIA00400 – NASA/JPL, Foto Nr. PIA00032 – NASA/JPL, Foto Nr. PIA00046. 109: NASA/JPL – I Jeff McKay; NASA/USGS, Foto Nr. PIA00407 – European Space Agency; NASA/JPL. 110: Jean-Loup Charmet, Paris (2). 111: Agence Ria-Novosti, Paris – Sovfoto (2); NASA, Foto Nr. 61-MR2-26 und 69-HC-685. 112, 113: Mike Pattisall (Notizblock) – NASA, Foto Nr. 96-HC-657; NASA, Foto Nr. S97-10538 – I Yvonne Gensurowsky von Stansbury Ronsaville Wood, Inc., ©1989, Time-Life Books, Inc. – NASA, Foto Nr. S97-10538; NASA, Foto Nr. 73-HC-470, 83-HC-428 und 92-HC-586. 114: Eagle Aerospace, Inc.; I Stephen R. Wagner, ©1990, Time-Life Books, Inc. 115: I Rob Wood und Yvonne Gensurowsky von Stansbury Ronsaville Wood, Inc., nach einer Originalgrafik von Carter Emmart, ©1989, Time-Life Books, Inc. – David A. Hardy/Science Photo Library/Photo Researchers. 116: NASA/ JPL, Bild Nr. p24652b und p24652a – NASA, Foto Nr. 72-HC-133 – I Jeff McKay. 117: Das Arecibo-Observatorium gehört zum National Astronomy und Ionosphere Center, das von der Cornell Universität in Kooperation mit der National Science Foundation unterhalten wird; mit freundlicher Genehmigung Al Kelly – Joseph Sohm, Chromo Sohm Inc./ Corbis – Cornell Universität – I Jeff McKay. 118: NASA/Ames Research Center, Moffett Field (Kalifornien) – mit freundlicher Genehmigung Richard Castenholz; NASA/USGS, Foto Nr. PIA00343 – Peter David/ Planet Earth Pictures, London – Larry Martin/Planet Earth Pictures, London. 119: NASA/JPL; NASA/USGS, Foto Nr. PIA00407 – Woods Hole Oceanographic Institution; R. Shuster, Department of Entomology, Universität von Kalifornien.

Glossar

Absolute Helligkeit Die scheinbare Helligkeit, die ein Himmelskörper in zehn Parsec (etwa 32,6 Lichtjahren) Entfernung aufweist.

Absoluter Nullpunkt Die Temperatur, bei der jede Atombewegung aufhört. Theoretisch beträgt die tiefste mögliche Temperatur –273,15 °C, das sind 0 K (Kelvin).

Achse Eine gedachte Linie durch die Pole eines Himmelskörpers, um die die Rotation erfolgt.

Astronomie Die Wissenschaft, die sich mit der Untersuchung des Universums insgesamt sowie einzelner Himmelskörper befasst.

Astronomische Einheit (AE) Die Entfernung zwischen Erde und Sonne: etwa 150 Millionen km. Mit dieser Einheit werden Entfernungen im Sonnensystem gemessen.

Atmosphäre Die äußere Gashülle von Planeten, Monden und Sonnen. Manche Himmelskörper haben keine Atmosphäre.

Atom Der Grundbaustein der Elemente, aus denen alle Materie besteht.

Dichte Die Menge an Materie in einem bestimmten Volumen; je mehr Materie dieses Volumen ausfüllt, desto größer ist die Dichte.

Elektromagnetisches Spektrum Die elektromagnetische Strahlung, von den langwelligen Radiowellen über Mikrowellen, Infrarotlicht, sichtbares Licht, Ultraviolettlicht und Röntgenstrahlen bis zu den kurzwelligen Gammastrahlen.

Elektromagnetische Strahlung Energiewellen von unterschiedlicher Länge, dazu gehört auch das sichtbare Licht. Sie bewegen sich konstant mit Lichtgeschwindigkeit fort, das sind etwa 300 000 km pro Sekunde.

Elektron Ein negativ geladenes Teilchen, das meist einen Atomkern umkreist, aber auch isoliert vorkommen kann.

Element Eine der mehr als 100 Grundsubstanzen, aus denen alle Materie besteht. Ein Element besteht aus nur einer Art von Atomen.

Elliptisch Eine Form, die an einen langgezogenen Kreis erinnert. Die Planeten umrunden die Sonne auf elliptischen Bahnen.

Energie Die einem Körper oder System innewohnende Fähigkeit, Arbeit zu leisten. Es gibt viele Formen von Energie, z. B. Wärme, mechanische, elektrische, nukleare oder Strahlungsenergie.

Finsternis Ein Ereignis, bei dem das Licht, das von einem Himmelskörper auf einen anderen fällt, durch einen dritten blockiert wird. Bei einer **Mondfinsternis** schiebt sich die Erde zwischen die Sonne und den Mond, so dass der Erdschatten auf den Mond fällt und dieser nicht mehr zu sehen ist. Bei einer **Sonnenfinsternis** dagegen steht der Mond zwischen Erde und Sonne und verdeckt dabei die Sonnenscheibe.

Galaxie Eine Gruppe von Sternen, die durch ihre Gravitation zusammengehalten wird; die kleineren Galaxien enthalten nur einige Millionen Sterne, die größten bis zu einer Billion.

Gas Materie im lockersten Aggregatzustand, die weder eine feste Form noch ein bestimmtes Volumen aufweist. Das am häufigsten vorkommende Gas im Universum ist Wasserstoff.

Geladene Teilchen Elementarteilchen der Atome, das sind z. B. Protonen oder Elektronen, die entweder eine negative oder eine positive Ladung aufweisen können; sie ziehen Teilchen von entgegengesetzter Ladung an und stoßen solche gleicher Ladung ab.

Gezeitenkräfte Die durch die Gravitation eines Himmelskörpers auf einen anderen ausgeübte Kraft. Sie kann Auswirkungen auf die Umlaufbahn oder auf die Form des zweiten Körpers haben. Durch die Gezeitenkraft des Mondes, des Trabanten unseres Planeten, werden auf der Erde Ebbe und Flut hervorgerufen.

Gravitation Die Kraft, die dafür verantwortlich ist, dass sich zwei Objekte gegenseitig anziehen; je größer die Masse eines Objekts ist, desto stärker ist seine Gravitation.

Interplanetare Materie Die Materie, die den Raum zwischen den Planeten des Sonnensystems anfüllt. Sie besteht aus Gas, Plasma und Staub.

Ion Ein Atom, das ein oder mehrere Elektronen gewonnen oder verloren hat.

Kern 1. Der innerste Teil einer Sonne, eines Planeten oder Mondes. 2. Das Zentrum eines Atoms, das aus Protonen sowie Neutronen besteht und von Elektronen umkreist wird. 3. Der hauptsächlich aus Eis und Staub bestehende Kern eines Kometen.

Kernfusion Wenn zwei Atomkerne zusammentreffen, verschmelzen und so ein schwereres Element bilden, wird viel Energie frei; das ist die Energie unserer Sonne und aller anderen Sterne.

Komet Ein kleiner Himmelskörper aus Eis und Staub auf einer Bahn um die Sonne. Bei Annäherung an die Sonne verdampft ein Teil des Eises. So entsteht eine Koma aus Eis sowie Staub, und es bilden sich ein Staub- und außerdem ein Ionenschweif.

Korona (*Pl.* **Koronae**) Die äußerste Schicht der Sonnenatmosphäre.

Kosmos Ein anderes Wort für das Universum. Es leitet sich aus dem gleichnamigen griechischen Wort ab und bedeutet ursprünglich „Schmuck", „Ordnung".

Krater Eine trichterförmige, häufig runde Vertiefung auf der Oberfläche von Himmelskörpern, die oftmals durch Meteoriteneinschläge hervorgerufen wurde.

Kuiper-Ring Ein Bereich des Sonnensystems hinter der Bahn des Uranus. Hier wird eine große Anzahl von Kometen vermutet.

Lichtjahr Die Entfernung, die das Licht im luftleeren Raum in einem Jahr zurücklegt; das sind etwa 9,46 Billionen km.

Magnetfeldlinien Imaginäre Linien, mit denen die Stärke und Lage eines Magnetfeldes beschrieben wird. Die Magnetfeldlinien verlaufen gewöhnlich von einem Magnetpol des Planeten oder der Sonne zum anderen.

Masse Die Menge aller Materie eines Objekts. Masse ist der Inbegriff von Trägheit und Gravitation der Materie – eine Grundeigenschaft aller Körper.

Materie Die Substanzen, aus denen jedes physikalische Objekt besteht oder zusammengesetzt ist.

Meteoroid Ein kleiner, fester Himmelskörper, der beim Eintritt in die Erdatmosphäre einen leuchtenden **Meteor** verursachen kann; wenn er die Erdoberfläche erreicht, wird er **Meteorit**

Mond Der natürliche Satellit eines Planeten, der gewöhnlich einen größeren Durchmesser als 16 km aufweist; nur der Mond der Erde trägt auch den Eigennamen „Mond".

Nebel Eine Wolke aus Staub und Gasen im freien Raum zwischen den Sternen; ein Nebel kann die Geburtsstätte eines neuen oder der Überrest eines alten Sterns sein.

Neutron Ein ladungsneutrales Elementarteilchen, das sich im Kern eines Atoms befindet.

Neutronenstern Ein Stern, der sich unter dem Einfluss seiner Gravitation so stark zusammengezogen hat, dass er fast nur noch aus Neutronen besteht. Neutronensterne werden auch **Pulsare** genannt.

Oortsche Wolke Eine große sphärische Zone, die die Grenze unseres Sonnensystems darstellen soll und vielleicht Milliarden von Kometen enthält.

Photon Ein Elementarteilchen, das sich bei elektromagnetischer Strahlung konstant mit Lichtgeschwindigkeit fortbewegt.

Planet Ein großer Himmelskörper, der unsere Sonne oder einen anderen Stern umkreist. Unser Sonnensystem besteht aus neun Planeten.

Planetoid Ein kleinerer Himmelskörper, der die Sonne umkreist. Der Durchmesser der Planetoiden reicht von 200 m bis zu etwa 1 km.

Planetoidengürtel Die Region im Sonnensystem zwischen den Planeten Mars und Jupiter, in der die meisten Planetoiden auftreten.

Plasma Ein ionisiertes Gas, das zu gleichen Teilen aus freien Elektronen und positiven Ionen besteht; Plasma wird oftmals als der vierte Aggregatzustand bezeichnet (neben Gasen, Flüssigkeiten und festen Stoffen). Die Sonne besteht zu einem großen Teil aus Plasma.

Proton Ein elektrisch positiv geladenes Elementarteilchen, das zum Atomkern gehört.

Pulsar Ein schnell rotierender **Neutronenstern,** der in kurzen, regelmäßigen Abständen Radioimpulse abstrahlt. Der erste Pulsar wurde 1967 entdeckt.

Quasar Ein extrem heller Himmelskörper von sternähnlichem Aussehen. Es wird vermutet, dass Quasare die entferntesten Himmelskörper sind. Das Wort Quasar ist die Kurzform für „quasistellares Objekt".

Reflektor Ein Teleskop, bei dem das einfallende Licht durch Spiegel gebündelt und fokussiert wird.

Refraktor Ein Teleskop, bei dem das einfallende Licht durch Linsen gebündelt und fokussiert wird.

Rotverschiebung Die zunehmende Wellenlänge der elektromagnetischen Strahlung bei Himmelskörpern, die sich vom Betrachter wegbewegen. Bei sichtbarem Licht bedeutet das eine Verschiebung zum roten Ende des Spektrums.

Satellit Ein natürlicher oder künstlicher Himmelskörper, der um einen größeren kreist.

Scheinbare Helligkeit Die Helligkeit, die ein Himmelskörper bei uns auf der Erde hat. Die scheinbare Helligkeit hängt von der wahren Helligkeit des Himmelskörpers und von seiner Entfernung zur Erde ab.

Sichtbares Licht Der kleine Bereich des elektromagnetischen Spektrums, den das menschliche Auge als Licht wahrnimmt. Er reicht vom kürzerwelligen blauen bis zum längerwelligen roten Licht.

Sonnenfleck Ein dunkler Fleck auf der Oberfläche der Sonne, der eine geringere Temperatur aufweist. Sonnenflecken können so groß sein wie die Erde.

Sonnensystem Unsere Sonne sowie die Planeten, Planetoiden, Kometen und andere Himmelskörper, die die Sonne umkreisen. Allgemein: ein Stern und alle zu ihm gehörenden Himmelskörper.

Sonnenwind Ein Strom geladener Teilchen, der von der Sonne ausgeht und das Sonnensystem durchzieht.

Spektrograph Ein Instrument, mit dem das Licht oder eine andere elektromagnetische Strahlung in die einzelnen Wellenlängen, das Spektrum, zerlegt und als Bild dargestellt bzw. im Computer gespeichert wird.

Spektrum Die Bandbreite der elektromagnetischen Strahlung in der Abfolge der Wellenlängen von den langwelligen Radiowellen bis zu den kurzwelligen Gammastrahlen. Das bekannteste Beispiel für ein Spektrum ist der Regenbogen. Er tritt auf, wenn das Sonnenlicht durch Regentropfen wie in einem Prisma in seine einzelnen Farben zerlegt wird.

Staub Kleine Materieteilchen, die meist aus Silikat sowie Kohlenstoff bestehen und zusammen mit Gaswolken den Raum zwischen den Sternen füllen.

Stern Eine leuchtende Kugel aus Gas, in deren Zentrum durch Kernfusion Energie freigesetzt wird. Auch unsere Sonne ist ein Stern.

Sternbild Eine Gruppe von Sternen, die am Himmel ein konstantes Muster bilden; zur Zeit gibt es 88 Sternbilder.

Strahlung Energie, die sich in Form von Wellen ausbreitet. Das sichtbare Licht ist eine Form von Strahlung.

Supernova Die Explosion eines besonders massereichen Sterns.

Urknall Der Moment vor etwa 15 Milliarden Jahren, in dem sich das Universum aus einem unvorstellbar kleinen Punkt heraus auszudehnen begann.

Wellenlänge Die Strecke von einem Wellenberg bzw. Tal zum nächsten, z. B. bei einer elektromagnetischen Welle.

Register

Index

ABENTEUER WISSEN

Redaktionsstab für den Band *Das Universum:*

EDITOR: Jean Burke Crawford

Text Editor: Allan Fallow
Associate Editor/Research and Writing: Mary Saxton
Picture Associate: Lisa Groseclose
Picture Coordinator: Daryl Beard

Design: Jeff McKay und Phillip Unetic, 3r1 Group

Besondere Mitarbeiter/innen: Joseph Alper, Patricia Daniels, Susan McGrath, Susan Perry (Text); Susan S. Blair, Patti Cass (Recherche); Barbara Klein (Register).

Korrespondentinnen: Maria Vincenza Aloisi (Paris), Christine Hinze (London), Christina Lieberman (New York).

Fachberater:

Lee Ann Hennig unterrichtet Astronomie und leitet das Planetarium der Thomas Jefferson High School für Wissenschaft und Technik in Fairfax County (Virginia). Sie studierte Astronomie sowie Mathematik und hat die Lehrbefähigung für das Höhere Lehramt in den Naturwissenschaften mit dem Schwerpunkt Astronomie. Sie gehört dem Vorstand einiger Organisationen an, die sich mit astronomischer Ausbildung befassen, u. a. der International Planetarium Society.

Steve Maran, der Herausgeber von *The Astronomy and Astrophysics Encyclopedia,* ist ein geschätzter Autor zu vielerlei Themen der Astronomie und Pressesprecher der American Astronomical Society.

Titel der Originalausgabe: Time-Life Student Library THE UNIVERSE

Copyright © 2005 der vorliegenden Ausgabe
by Kaleidoskop Buch im Christian Verlag
www.kaleidoskop-buch.de

Einbandgestaltung: Studio für Illustration und Fotografie, Icking, Sascha Wuillemet

Copyright © 1998 der deutschsprachigen Erstausgabe mit dem Titel *Lebendiges Wissen – Das Universum* by Time-Life Books B.V., Amsterdam

Redaktionsleitung: Marianne Tölle
Redaktion: Gaile & Partner, Wiesbaden

Aus dem Englischen übersetzt von Dieter Burman

Copyright © 1998 der US-Originalausgabe: Time Life Inc.
TIME LIFE is a trademark of Time Warner Inc. USA

Druck und Bindung: DELO tiskarna, Ljubljana
Printed in Slovenia

Alle deutschsprachigen Rechte vorbehalten

ISBN 3-88472-839-3